星空译丛

宇宙多大了？

[美] 大卫·A. 温特劳布（DAVID A. WEINTRAUB） 著
张同杰 孔令杰 李时雨 杨 帆 译

机械工业出版社

本书是关于天文学历史和前沿研究的科普读物。

天文学家确定宇宙年龄为约138亿年，他们是怎样得出如此精确的结论的呢？本书讲述了数千年来天文学家逐渐解决宇宙年龄问题的迷人的故事，并在此过程中向读者介绍了现代天文学的基本概念和前沿研究进展。

本书追溯了天文学家对夜空奥秘长达数世纪的探索，描述了那些富有远见的人们的成就，展示了各自独立的探索路线和煞费苦心收集的证据。同时，本书通过直白的语言，帮助读者熟悉现代天文学的核心思想和现象，包括红巨星和白矮星、造父变星和超新星、星系团、引力透镜、暗物质、暗能量和加速的宇宙等。

本书为读者了解天文学提供了一种独特的历史的方法，不仅适合作为初中和高中学生的扩展阅读材料，也适合科普爱好者、物理爱好者、天文爱好者和未来的天文学家阅读。

How Old Is the Universe?/by David A. Weintraub/9780691147314

北京市版权局著作权合同登记：图字 01-2013-6382号。

图书在版编目（CIP）数据

宇宙多大了？/（美）大卫·A. 温特劳布（DAVID A. WEINTRAUB）著；张同杰等译. —北京：机械工业出版社，2022.8

（星空译丛）

书名原文：How Old Is the Universe?

ISBN 978-7-111-71832-1

Ⅰ.①宇… Ⅱ.①大… ②张… Ⅲ.①宇宙-普及读物 Ⅳ.①P159-49

中国版本图书馆CIP数据核字（2022）第193943号

机械工业出版社（北京市百万庄大街22号 邮政编码100037）

策划编辑：韩效杰　　责任编辑：韩效杰

责任校对：薄萌钰　梁　静　　封面设计：王　旭

责任印制：单爱军

河北宝昌佳彩印刷有限公司印刷

2023年3月第1版第1次印刷

169mm×239mm·18印张·204千字

标准书号：ISBN 978-7-111-71832-1

定价：79.00元

电话服务

客服电话：010-88361066

010-88379833

010-68326294

网络服务

机　工　官　网：www.cmpbook.com

机　工　官　博：weibo.com/cmp1952

金　　书　　网：www.golden-book.com

机工教育服务网：www.cmpedu.com

封底无防伪标均为盗版

译者序

TRANSLATOR' S PREFACE

宇宙的年龄是约138亿年[1]，而人类的寿命只不过100年左右，与宇宙的年龄相比简直就是沧海一粟。但是地球上的人类文明却能够理解宇宙的全部演化历史，以及任何一个时期宇宙中所发生的天体物理事件，这足以窥见人类文明的智慧和伟大之处。这本《宇宙多大了?》图文并茂，浅显易懂，只有文字描述和图片展示，没有一个公式。它不仅成功地告诉读者宇宙今天的年龄是多大，以及是如何测定的，而且告诉读者宇宙分别在婴儿、少年、青年和壮年等不同的演化时期的年龄和测定方法。不管是用哪种天文测量方法，都离不开天文学独一无二的宇宙化石指示器原理：越远的天体，其年龄也越老。这意味着只有天文学才能够让我们沿时光倒流、回看宇宙历史，全息地透视整个宇宙。英文原版书名 *How Old Is the Universe*? 翻译成《宇宙多大了?》可谓一语双关，正是这个原理的真实写照，因此既可以理解成宇宙空间尺度之大，也可以理解为宇宙年龄之大。读者读后一定会领略宇宙从诞生、演化到今天的壮丽的历程，体会到苍穹宇宙之宏大、宇宙和谐之美丽。

该书是一本介绍宇宙演化过程的科普书，非常适合中学生、大学生和研究生阅读。中学生可以从中了解天文宇宙学的研究前沿，

---

[1] 欧洲航天局普朗克项目（PLANK）2015年研究结果为137.98±0.37亿年（即约138亿年）。为和原书一致，本书其余部分仍翻译为137亿年。

树立未来研究天文宇宙的远大志向（其实很多天文学家就是在此时树立了天文研究理想）；理科大学生可以巩固已经学过的物理知识；天文研究生可以借此回顾已经学过的天文宇宙学知识，检验自己对天文宇宙学的理解程度。因此该书是青少年树立人生观、世界观、价值观和宇宙观的绝佳读物。

感谢北京师范大学珠海校区文理学院，感谢郑国民教授在本书最后审校过程中给予的大力帮助！

时间并不仓促，但水平所限，加之理解和翻译因人而异，错误在所难免。但我们已经竭尽所能避免科学上的错误，如发现任何错误，真诚地欢迎读者指出。

谨以此译作献给已逝的母亲韩玉珍（1939.07.10—2020.08.26）。

译　者

目　录
CONTENTS

Ⅲ. 宇宙的年龄

第1章 引言：137亿年

“我无法相信，上帝赋予我们知觉、理性、智慧，目的是为了让我们不去使用它们……上帝不会要求我们否认他放在我们眼中和意识中对事物实在的感知和理性，这事物是我们直接经历并摆在我们眼前的。”

——伽利略·伽利莱，在“致克丽丝汀女士的一封信”（1615）中（《伽利略的发现和意见》（1957）），斯蒂尔曼·德雷克译

与其他科学家相比，天文学家处于极大的劣势。生物学家能将一些果蝇带到实验室，在果蝇中鼓励其某种特殊行为，并将所有的可用工具应用到行为研究中。化学家可以将化学物质混合、加热或冷却，研究化学物质如何在实验室的可控环境下反应。地质学家可以攀登山峰，收集岩石，并将样本送回实验室以便研究。物理学家可以在隔震实验台上，给激光加电并检测一种新型聚合物的力学性质。天文学家呢？他们无法把恒星带回实验室。他们无法加热或冷却恒星，无法观察当温度改变时恒星如何变化。他们不能切开银河系观察内部结构。天文学家只能接受宇宙提供的信息——光线和少数小岩石——并最大程度地利用它们来研究宇宙。

几个世纪以来，天文学家测量了夜空中天体的亮度、颜色以及位置。一代代的天文学家致力于理解天空中闪烁的遥远天体的运动和性质。根据基本的几何学和物理学原理描述的光、热和引力，天文学家推导出，天空中一些隐约闪光的天体和太阳相似：它们是恒星。他们还发现，恒星的体积、质量和温度各不相同，而且恒星会经历新生、演化和死亡三个阶段。然而，证明显而易见的现象是一件非常困难的事情，就好像要证明恒星是遥远的（这就引发一个更加苦恼的问题，到底距离有多远呢?）。单单是为了回答恒星和我们到底距离多远这个问题，天文学家就要学会怎样通过望远镜对天空中遥远的天体进行精确的测量，更不用提去确定恒星的温度、质量或者大小了。由于恒星无法被带到地球上来进行称重或测量，因此天文学家首先需要找到测量恒星的工具。之后他们才能够将一些概念知识应用于测量恒星的性质，如多普勒频移、放射现象、核聚变，这样一些之前无法解答的问题就迎刃而解了，包括那些从古至今一直困扰着天文学家的问题。这些压倒性的证据最终在最大程度上赢得了令人震惊且来之不易的胜利：一个一直困扰着人类的最基本的问题——宇宙的年龄是多少?

天文学家已经取得了重大的进展。大概 200 年前，即使是离我们最近的恒星的距离也无法测量，更不用说利用恒星的性质来测量银河系一亿光年以外的距离了。如今他们声称已经将宇宙的年龄精确到 1%：137 亿年。现在你就知道本书封面问题的答案了，很明显，你手中的这本书并不是什么神秘小说。但是，它讲述了关于宇宙的一个奥秘。400 年的科学研究是如何使天文学家、宇宙学家、物理学家一步步接近这个问题的答案，得出宇宙是 137 亿年前生成的呢？对于这个论断，我们能抱有多大的信心确认其准确度呢？

任何一个天文学家在被问到为何相信宇宙的年龄是 137 亿年时，他一定会回答说，他并不相信宇宙的年龄是 137 亿年，他只知道宇宙大概是 137 亿岁，上下浮动在一亿年的范围内。天文学家为什么如此自信？事实证明他们的自信并非狂妄自大。他们知道这个数字是关于宇宙年龄这个问题的唯一有效答案，因为这个数字是经过精确的数据测量，是人类煞费苦心收集了几个世纪才得到的——来自于岩石、恒星、银河系乃至整个宇宙。这是唯一一个与物理法则、数学逻辑相一致的答案，也是被天文学家、化学家、数学家、地质学家、物理学家认可的答案。事实上，这个答案有坚实的证据基础。

但是到底为什么 21 世纪的天文学家会认同宇宙的年龄是 137 亿年呢？为什么不是 200 亿年？或者 60 亿年？500 万年？1000 万亿年？天文学家又是怎么知道宇宙是有年龄的，它为何不是永恒存在的呢？

关于宇宙年龄这个问题，一个全面有说服力的答案要求我们追随着伽利略和其他先于我们的好奇的科学家的脚步，去探索当代天文学的核心知识。问题的答案是由各领域的探索证据一起得到的，就好像一面坚固的墙需要许多基石。科学在不断进步发展，好奇的人们提出问题再回答，或者确定问题（不合适的基石最终会使得墙不稳定）再解决，这样就使得整个科学框架更加坚固可靠。本书将会出现一些为宇宙年龄这项研究做出重大贡献的天文学家和其他科学家。他们中的一些人可能不为人知，但也有一些人的名字早已耳熟能详。他们包括赫歇尔（William Herschel），夫朗和费（Joseph Fraunhofer），贝塞尔（Friedrich Wilhelm Bessel），皮克林（Edward

Charles Pickering)，坎农（Annie Jump Cannon)，莱维特（Henrietta Leavitt)，赫兹布朗（Ejnar Hertzprung)，罗素（Henry Norris Russell)，斯里弗（Vesto Slipher)，沙普利（Harlow Shapley)，哈勃（Edwin Hubble)，兹维基（Fritz Zwicky)，伽莫夫（George Gamaw)，巴德（Walter Baade)，鲁宾（Vera Rubin)，彭齐亚斯（Arno Penzias)，威尔逊（Robert Wilson)，迪克（Robert Dicke）和皮伯斯（James Peebles).

这些天文学家，包括许多没有提及的，他们的研究促进了我们对宇宙的认识，纠正了我们集体智慧中的错误，推动了整个天文学的发展。在本书中，你将会了解这些研究及其重要意义。天文学家们证实了宇宙中具体天体的年龄，并由此推断出宇宙的年龄，跟随着他们的步伐，你将了解到天文知识的基础有多么雄厚。当你读完这本书，你将会明白为何宇宙的寿命是刚好小于 140 亿年：

- 太阳系中已知最古老的陨石是 45.6 亿年。根据我们对于恒星、行星、小行星（陨石的母体）形成的认知，天文学家确信，太阳系中的太阳及其他所有的天体都和这些陨石在同一时期形成。太阳的这个年龄是与所有观测以及物理理论理解相一致的。由于宇宙一定会比它所包含的天体更久远，这些天体中包括太阳系，所以显然宇宙至少有 45.6 亿年的历史。

- 银河星系中最古老的白矮星已经冷却了 127 亿年。由于白矮星是由死去的恒星形成，又因为那些死亡的恒星都有几亿年的寿命，这就意味着银河星系，当然也包括宇宙，一定会比 130 亿年更古老。

- 据测量，银河系中最古老的球状星团有 134 亿年的历史。因此，银河系以及宇宙本身至少会比这些最古老的球状星团要更古老。

- 远在30百万秒差距（一亿光年）之外的银河系中的造父变星追随着宇宙膨胀的脚步。它们使得天文学家能够推算出，根据目前的速度，宇宙需要膨胀多久才能保证各星系达到现如今的分离距离。假设宇宙的膨胀速度一直保持不变（目前所有的证据都显示这是近似正确的假设），宇宙的年龄刚好比135亿年大一点。

- 宇宙微波背景辐射包含了当辐射被释放时，宇宙的温度范围以及结构体积等信息。当这些信息与暗物质、暗能量、宇宙膨胀率等信息整合在一起，最全面细致的宇宙微波背景辐射图分析显示，宇宙的寿命接近137亿年。

只有当读者知道何为白矮星、球状星团、造父变星以及宇宙微波背景辐射时，才能够理解这些结论。我们的故事，一场探索世纪智慧的旅行，会将阐明太空天体性质的科学与天文学家是怎么得知它们的年龄，并推断出宇宙的准确年龄相互交织在一起。但是，我们应该从哪里开始呢？经证实，揭秘宇宙年龄的研究是从我们身边开始的——地球年龄的奥秘。

I.

我们的太阳系中天体的年龄

第2章
公元前4004年

“起初，神创造天地。《圣经·创世纪·第一章》。这是时间的起头。依照纪年法，时间是从犹太历710年10月23日的傍晚开始的。”

——詹姆斯·乌修尔（James Ussher），《世界编年史》（1650—1654）

地球多大了？显然，地球不可能比宇宙更加古老，如果我们能够确定地球的年龄，我们就能推断出宇宙的最小年龄。这将是探索宇宙年龄的良好开端。

我们生活在地球上。根据这种地理优势，我们对地球的认识和了解比对太阳系和宇宙中其他地方更多。因此，让我们首先通过观察身边的世界来测量地球的年龄。以此为起点，我们能利用天文学工具放眼向外界，测量天体的年龄，最终确定整个宇宙的年龄。那么我们到底怎么开始呢？

亚里士多德的永恒天堂

在没有现代科学工具的情况下，学者们是如何确定地球的年龄的呢?

两千年来，亚里士多德提出了一个令许多探索者满意的答案。他的著作《论天》创作于公元前350年，其中他提出“只有一个天空，是不可再生、永恒的”。宇宙一直存在，也会永远地存在下去。有着恒星在上面运动的夜空是永恒的。亚里士多德关于宇宙永恒的观点是建立在他的物理运动理论之上的：天球围绕着地球旋转，旋转运动是最完美的运动形式（相比于上下运动或侧方向运动）。做圆周运动的天体已经达到了最终目的和宿命，不可能也没有任何理由去减速、加速或是改变方向。物体是不可能变成完美的，因为根据亚里士多德的说法，物体从不完美变为完美是不可能的；因此，天空一直是完美的，一直以这种完美状态存在。亚里士多德还补充说，地球也是永恒的：球体一定有一个中心，显然地球是天空的中心；既然天空是永恒的，那么地球肯定会是永恒的。亚里士多德的逻辑虽然是优雅、精密而有力的，但很遗憾它是错误的。然而，尽管他的纯哲学论点有明显疏漏，但直到17世纪，亚里士多德学派依然统治着人类对宇宙的认识。

1543年，哥白尼出版了《天体运行论》。该理论最终推翻了亚里士多德的天文理论，并在1687年牛顿出版的《原理》一书中达到被接受的顶峰。在这两本著作出版的一个半世纪内，新的天文学观点也从其他著作中涌现出来，如布拉赫、斯特林、开普勒以及伽利略（于1609年制作了第一架望远镜）。17世纪早期，自然哲学家开始严肃地对亚里士多德宇宙论提出质疑。或许宇宙并不是永恒的。如果宇宙不是永恒的，它就会有一个开端。几乎在一夜之间，有关地球年龄的话题成为学术界重要的问题。与亚里士多德宇宙论不同，哥白尼宇宙论并未给出解答。他认为，宇宙没有告诉人类它的年龄。那么地球的年龄是多少呢？17 世纪的学者们是用何种方法来尝试解决这个问题的呢？

《圣经》纪年

17 世纪，乌修尔主教推断出亚当出现在伊甸园的时间。他给出以下理由。《创世纪》第一章中详细记载了，上帝创造了天地后的第六天，亚当是如何出现的。因此，按照乌修尔主教的逻辑，上帝创造人类的时间再加上五天就相当于地球的年龄，同时也是所有创造物的年龄。这个等式的成立依赖于长期以来建立的《圣经》的传统。

早在公元 2 世纪，拉比 · 周斯 · 哈拉夫他（Rabbi Jose ben Halafta）在他的《世界秩序起源》（*Seder Olam Rabbah*）一书中列举《圣经》中的重要历史事件，并以上帝创造亚当之日为 0 年。拉比 · 周斯以“谁在何时生下了谁”的逻辑将塞特（亚当之子）的出生定于创世纪年 AM（Anno Mundi 简称）130 年，塞特的儿子以挪士出生于 AM 235 年，以挪士之子该南生于 AM 325 年，这样几代后，玛土撒拉生于 AM 687 年，玛土撒拉之子拉麦生于 AM 874 年，拉麦之子挪亚生于 AM 1056 年。创世纪大洪水发生于 AM 1656 年，出埃及发生于 AM 2448 年，犹太人在西奈游荡了四十年后，于 AM 2488 年进入了迦南地带，第一座神殿于 850 年后的 AM 3338 年被摧毁。现代犹太历仍然遵循这一历法：AM 5771 年起始于 2010 年 9 月 8 日日落之时，终于 2011 年 9 月。假设上帝在创世纪后的第六天创造了亚当，拉比 · 周斯的纪年法将世界的产生定于大约公元前 3760 年。

阿弗里卡纳斯（Jiulius Africanus）（公元170—240年），最早的基督教纪年学者之一，将希腊版本的《圣经》作为亚当纪年法（Anno Adam，简称AA）的基础。他把塞特的出生定于AA 230年，创世纪洪水于AA 2262年，出埃及于AA 3707年，基督诞生于AA 5500年。假设基督大概诞生于公元前6年至公元前2年，阿弗里卡纳斯纪年法就把创世纪定于公元前5504年。

我们从圣杰罗姆的拉丁译本了解到，最著名的早期基督教纪年法就是尤西比乌斯纪年。公元339年巴勒斯坦地区该撒利亚的主教尤西比乌斯，和阿弗里卡纳斯一样，把创世纪大洪水定于AA 2262年，但把出埃及定于AA 3689年，耶稣的生辰定于AA 5199年。

让我们回到17世纪的纪年学家乌修尔，他是爱尔兰阿尔玛地区的大主教，同时也是都柏林三一学院的副院长。乌修尔于1650—1654年间出版了长达一千多页的《旧约编年史》。相比于阿弗里卡纳斯或者尤西比乌斯的编年，他所记录的日期更大程度上与拉比·周斯的相一致，将大洪水定于创世纪年AM 1656年，出埃及于AM 2513年，首座神殿被毁于AM 3416年。依照乌修尔的纪年法，耶稣生于AM 4000年。由于他相信耶稣诞生于公元前4年，那么创世纪就发生在公元前4004年。乌修尔既不是第一个也不是最后一个利用《圣经》来推断“天与地”年龄的人，但毫无疑问他是最为人知的，也是受到质疑最多的。他得出的结论相对于用其他测量宇宙年龄的方法得出的结论是正确性最低的一个。用21世纪的眼光来看，他的做法确实毫无科学优势。但是，用史蒂芬·古尔德的话说，乌修尔所做出的推断“代表了同时期的最高水平。他是实证研究传统中的一部分，一群智者用大家所公认的方法向着同一个目标奋斗……”这种形式的学问利用一切《圣经》记录的历史事件编年，而且编年中包括了同时发生的《圣经》外历史事件（如特洛伊的衰败，罗马的建立，帝王统治，历史上所有的日全蚀和月全蚀）。依照犹太纪年的方法，乌修尔认为一年的开始是在秋天，一日的开始是在日落之时；依照基督教传统，将周日定义为一周的第一个完整的一天；依照他所处时代最精确的天文图表——开普勒的鲁道夫星表——将公元前 4004 年秋分后的第一个周日定于 10 月 23 日。因此，依照乌修尔的计算，创世纪的第一个动作发生于公元前 4004 年 10 月 22 日，也就是周六日落之时。当詹姆斯国王版本的《圣经》出现，旁注着公元前 4004 年就是创世之时，乌修尔赢得了永久的名誉。在詹姆斯国王版本的《圣经》印刷中，这样的旁注一直持续至 20 世纪。

“人类是于上午九点钟诞生的”这一著名的推断出自莱特福特教士，但总被人误以为出自乌修尔主教。莱特福特与乌修尔是同时代的人，他是出色的《圣经》学者，也是剑桥大学的副校长。1642 年，他出版了一本 20 页的著作《“创世纪”一书的新发现》，说：“天与地、中心与周围，是同时创造出来的；满了水的云……也同时被造……天有十二个小时处于黑暗之中；之后上帝命令说，要有光，于是地平线上就有了光。”也就是说，在创世纪之后的十二个小时中，世界是黑暗的。之后上帝才带来了光明。莱特福特补充道：“人类是于白天中第三个小时或者说是早上九点，由三位一体创造的。”对他来说，创世纪的时间是公元前 3929 年秋分傍晚六点钟；在经过了十二个小时的黑暗和三个小时的光明后，人类于第二天上午九点钟诞生。

莱特福特和乌修尔的纪年法在一篇十分有影响力的文章《基督教地区的科学与神学战争史》中得到了融合，这篇文章是由康奈尔大学的合作创办人之一以及首任校长安德鲁・迪克森・怀特所著。在这篇文章中，怀特错误地写道是乌修尔推断出人类产生于公元前4004年10月23日早上九点。

天文学家的观点

17世纪早期，开普勒提出了一种确定宇宙年龄的天体物理学模型。开普勒通过其毋庸置疑的开普勒定律成为数学天体物理学的创始人。根据开普勒的观点，世界创造之时，太阳正位于太阳系远地点（此时地球与太阳之间距离最大），同时也在白羊座的头部。开普勒认为，太阳系远地点的方向——也就是当太阳到达远地点时，地球观测者看到太阳所处的黄道星座每年都在变化，尽管这种变化是非常细微的。开普勒根据当时所公认的太阳远地点位置移动的速率，以及太阳所处的位置，倒推出了太阳系远地点何时会在白羊座的头部。他的答案是：上帝于公元前3993年夏至日创造了世界。与开普勒同一时期的丹麦天文学家隆哥蒙塔努斯利用相同的想法将创世纪定于公元前3964年。

甚至牛顿，这个发明微积分并发现了万有引力并首次成功量化论证万有引力定律的科学家，在这个问题上也发表了自己的见解。在他去世后的1728年才出版的《古代王国修正编年》一书中，牛顿将宗教、希罗多德的《历史》以及天文学信息整合在一起，他利用岁差推断出阿尔戈号探险发生于公元前936年，创世纪发生于公元前3998年。

到18世纪早期，学者们似乎达成一项共识：创世纪发生于公元前4000年左右，上下不会超过几十年。如表2.1所示，不同学者推算出的宇宙诞生日期为：莱特福特（公元前 3929 年），隆哥蒙塔努斯（公元前 3964 年），开普勒（公元前 3993 年），牛顿（公元前 3998 年），乌修尔（公元前 4004 年）。这些学者使用了不同的研究方法，虽然在某些细节以及具体年份上存在一定的不一致，但许多神学家、天文学家以及物理学家都认同一个观点：地球及其生物的年龄为六千年，前后误差为两个世纪。然而，一致的观点不等于是正确的观点，仍然有许多其他学者，利用其他领域的证据证明这样的推断是错误的。

表 2.1　基于《圣经》纪年法的宇宙诞生日期

纪年学家	宇宙诞生日期
拉比·周斯	公元前 3760 年
莱特福特教士	公元前 3929 年
隆哥蒙塔努斯	公元前 3964 年
开普勒	公元前 3993 年
牛顿	公元前 3998 年
乌修尔主教	公元前 4004 年
该撒利亚主教尤西比乌斯	公元前 5203 年
阿弗里卡纳斯	公元前 5504 年

第 3 章
月球岩石和陨石

“假如世界的延续是建立在自然系统之中，那么寻找任何先于地球起源的事物都是无用的。因此，我们当今调查的结果是，我们没有发现任何开端遗留下的痕迹，也没有发现任何结束的征兆。”

——詹姆斯·赫顿《地球论》(1788)

在 17 世纪，就在大家就地球的年龄这一问题达成共识的时候，《圣经》编年的所有研究方法都受到了质疑。由于纪年学家使用三种不同版本的《圣经》（希伯来《圣经》、希腊《圣经》和撒玛利亚《圣经》)，其中亚当诞生的时间有将近两千年的差距，因此哪个版本是最准确的成了一个重要的问题。其他学者提出了难以回答的问题，更是导致了对这些研究方法的质疑：亚当到底是第一个人类还是仅仅是《圣经》所记载的第一个人？《圣经》上记载玛士撒拉活了 969 年到底是不是准确的？包括天文学家哈雷在内的科学家们坚持认为《圣经》并未说明在创世纪之前地球已经存在了多久。毕竟，学者们已经就“创世纪中的日子到底是比喻性的虚指，还是实指二十四小时的一天”这一问题争论了两千多年。或许，《圣经》能够揭示人类在地球上的短暂历史，却无法提供地球本身历史的证据，更不用说整个宇宙了。此外，在亚里士多德之后，科学家和哲学家们开始思考世界产生时所经历的物理过程。其中的一些过程很可能经历了成千上万年的历史，乃至更久远。如笛卡尔的漩涡理论（发表在他去世后 1664 年出版的《论光》），康德（发表在 1755 年的《自然通史和天体论》）以及拉普拉斯（1796 年，《宇宙体系论》）的星云理论。

化石

到 1800 年，居维叶已经创立了古生物学，并从化石记录中识别出了 23 种已灭绝的生物。在山顶发现了鱼类化石，在西伯利亚发现了长毛象化石。难道这一切都是在不到六千年间发生的吗?《圣经》译者用灾变说解释化石的存在，这种灾变说将超自然的剧变（如挪亚大洪水）归结为地球上生命（及岩石）发生灾难性变化的原因。这种解释排除所有关于地球年龄的科学推测，同时也要求人们使用《圣经》纪年来确定地球的年龄。

一些新兴科学领域的成员确信，“均变论”可以解释化石的存在。这项理论是英格兰地质学家赫顿于 1795 年首先提出的，并于 1830 年由另一位英格兰地质学家莱伊尔对该理论进行了发展。“均变论”认为，过去的地质及生物变化是由于与现在同样的地质过程造成的。这种解释使得科学家可以通过直接观察到的物理、化学、地质以及生物学过程来计算地球的年龄。尽管没有任何开端遗留的迹象，但是赫顿的地质理论认为地球是古老的——对他来说，时间是无法用千甚至百万年来衡量的——然而并非是永恒的。但是赫顿、莱伊尔或是任何 19 世纪的地质学家都无法给出一个更具体的地球年龄的范围。

放射现象

从 18 世纪晚期开始，科学家们开始用物理学中的概念来估计地球的年龄。比如说，在法国自然学者勒克莱伊尔的《自然的分期》一书中，他推断，若地球最初是一个炽热的液态铁球，慢慢冷却至固体形态，再冷却至今天的表面温度，那么地球的年龄至少会有 75000 年，或许会有 168000 年这么久。

1896 年，法国物理学家贝克勒尔发现的放射现象对研究地球年龄具有突破性意义。之后，关于这一现象的深入研究，包括 19 世纪 90 年代后期由另外两个法国物理学家居里夫妇发现的放射性元素镭，都使得放射现象成为一种地质学时钟工具。这种用法是英国物理学家卢瑟福于 1905 年首先提出的。

放射现象包含几个不同的过程，这些过程导致了原子解体或内部结构重组，从而从一种元素变化为另一种元素。为了理解放射现象，我们首先应该了解原子的内部结构。宇宙中包含很多种元素，这些元素都是由带有正电荷的质子、带负电荷的电子以及电中性的中子组成。元素的种类是由原子核中质子的数量决定的。比如说，所有的碳原子都有六个质子。由于质子带正电，因此中性碳原子内围绕着原子核的电子云中一定还包含六个带负电的电子。

正如电荷之间通过电磁力相互排斥，原子核内的质子也会相互排斥。然而，质子也会通过强核力相互吸引。核内质子之间存在一定的距离，在这种距离下，电磁斥力是大于强核力引力的。因此，只有质子的原子核是不稳定的，极易分解。然而，原子核也会包含中子。中子像质子一样，强核力使中子和质子相互吸引。中子的存在可以在不增加任何与质子互斥的正电荷的情况下，增强核内的强核吸引力，因此中子可以中和质子间的排斥力。只要能有足够数量的中子（但是不要太多），包含两个乃至更多质子的原子核就可以保持稳定。

对于碳原子来说，除非原子核包含至少六个中子，否则它是无法维持哪怕几分钟的。所以，^{11}C⊖（包含六个质子和五个中子）是不稳定的，因为质子间的斥力是大于相互间的引力的。但是分别包含六个、七个、八个中子的^{12}C、^{13}C、^{14}C，作为碳的同位素（同位素指包含同等数量的质子但是中子数不同的原子）是存在于自然界之中的。如果我们想要制作^{15}C（包含九个中子），它几乎立刻就会分解；因此，自然界中只存在三种碳的同位素。

^{12}C 和^{13}C 是稳定的。然而，^{14}C 是不稳定的。对于六个质子来说，八个中子就过多了。由于^{14}C 是不稳定的，它最终会发生变化；在这种情况下，中子在弱核力的作用下发生衰变，或者分解为一个质子和一个电子，以及一个反中微子。在中子分解后，质量较轻的电子和反中微子被迫离开原子核，而较重的质子会留下来，产生出一个包含七个质子和七个中子的原子核。有七个中子的原子是氮原子，包含七个质子和七个中子的氮原子叫做^{14}N。衰变中产生的电子（称为β粒子）携带大量动能（粒子由于运动而具有的能量）快速飞离原子核。最终，当高速运动的电子与另外的粒子发生碰撞，它所携带的大量动能（衰变过程产生的能量）会被转化为热能。这种中子分解为质子和电子的过程被称为β衰变，这是已知的

⊖　碳十一，C 为碳。

少数几个放射衰变过程之一。

第二种放射衰变过程叫做 α 衰变，这种衰变发生在原子核裂变为两个原子核的时候。其中一个是 α 粒子（包含两个质子和两个中子的原子核，即氦原子核）；另外一个原子核包含原来的原子核中所有剩余的质子和中子。逃逸的 α 粒子会和其他粒子发生碰撞，将动能转化为热能。因此，我们可以把 α 衰变和 β 衰变都看作热能的来源。

放射性测定年代法

放射现象是一个高度精确、完全随机的物理过程。一方面，我们在预测“特定的时间段内发生放射性衰变的放射元素样本的比例”的能力是绝对精确的。另一方面，我们缺乏“准确确定样本中哪些原子会衰变”的能力。

测定含有放射性元素的物体年龄的步骤如下。一半的放射性材料发生衰变所要经历的时间叫做放射性半衰期。假设我们有 400 万个放射性氡原子（亲本），若这种氡原子的同位素的放射性半衰期为 3.825 天，那么 3.825 天之后，这些原子中的一半（200 万）都会衰变为钋原子（子本）；剩余的 200 万个放射性氡原子会保持原状。直到 3.825 天之前的最后一秒，甚至在这段时间间隙中，任何人都无法分辨出哪些原子会衰变，哪些会保持稳定。我们无法分辨出哪一半氡原子可以衰变，这并不是由于技术上的局限性，而是取决于规范着放射衰变过程的最基本的物理本质。不过我们仍然可以准确地预测出在 400 万个原子中，大概有 200 万个会发生衰变。在 3.825 天之后的第二个半衰期，另外 200 万个保持原状的原子中会有一半衰变为钋原子。因此，在7.650天（两个放射性半衰期）过后，有75%的氡原子（300万）会衰变为钋原子，而25%（100万）的会保持原状。在第三个半衰期（11.475天）过后，另外50万个氡原子会衰变为钋原子，这样就有87.5%的氡原子变为钋。我们可以通过确定子本与亲本之间的比率，来计算从氡原子发生衰变开始所经历的时间。

地球的放射性年龄

当岩浆从火山喷出或是流入已经存在的岩石裂缝，炙热的岩浆形成的岩石会将它的放射性时钟归零。岩浆凝固的那一刻，时钟便开始启动。若我们举一个具体的放射性时钟的例子，如^{40}K㊀到^{40}Ar㊁的衰变过程，就会很容易理解其中的奥秘。由于氩是惰性气体，所有的氩原子都会从岩浆中喷涌而出，进入大气中。因此，所形成的岩石固体的矿物质结构中会包含^{40}K，而^{40}Ar的含量则为零。当钾元素衰变为氩元素，氩元素就不再受制于岩石的晶格内。然而，假使岩石足够厚重并且保持相对稳定（比如，不被过度加热或被用力敲碎），氩元素就如同笼中的气球般被禁锢在岩石之中。随着时间的流逝，^{40}Ar对^{40}K的比率从零（没有^{40}Ar元素）增长到1（在一个放射性衰变期过后，钾元素中一半变为^{40}Ar的形式，一半仍然是钾元素），然后继续增长到一个更大的数值。通过测量岩石中氩-钾的比率，地质物理学家可以测量出自岩石凝固至今的时间。

直到20世纪20年代，人们发现，岩石的放射性测量年龄超过

㊀ 钾。
㊁ 氩。

十亿年，甚至有些样本的年龄接近20亿年。1921年，美国天文学会会长，普林斯顿大学的天文学教授亨利·诺利斯·罗素，根据已测知的岩石年龄，结合地壳岩石中铀元素和铅元素比率，分析出了地壳的最大年龄。他对地壳年龄的粗略估计为40亿年，并总结说地壳的年龄大概在20亿到80亿年之间。20年后，理论物理学家乔治·伽莫夫在《地球的生物学》一书中写道：地球上最古老的岩石来自卡累利阿地区（当时是芬兰的领土；如今从属于俄罗斯），它的年龄是18.5亿年。

21世纪初期，地球上各个地方都发现了年龄超过36亿年的岩石，如乌克兰的新巴甫洛夫斯克复合岩（36.4亿年），美国明尼苏达州河谷的莫顿片麻岩（36.8亿年），津巴布韦的沙河片麻岩（37.3亿年），澳大利亚西部的拿尔野尔复合片麻岩（37.3亿年），格陵兰西部的伊苏地表岩石（37.5亿年），委内瑞拉以马塔卡复合片麻岩（37.7亿年），中国东北部的鞍山复合岩（38.1亿年），南极石山的龙比亚复合岩（39.3亿年）。迄今为止，发现的最古老的完整的岩石是来自于加拿大西北部大奴湖的艾加斯塔复合片麻岩，已有四十多亿年的历史（40.31亿年，上下浮动不超过300万年）。

尽管艾加斯塔片麻岩是地球上最古老的完整岩石，它们却不是最古老的岩石碎块。尽管岩石历经风吹雨打，不断腐蚀，一些矿物颗粒仍然存在，如锆石（锆硅酸盐晶体）。它们周边的一些矿物质颗粒已被风化，但锆石颗粒仍然完好无损。它们将珍贵的同位素和元素丰度保留下来，混合成使岩石更加坚硬的沉积物。2001年，在澳大利亚西部的捷克山脉岩石中，发现了有着43亿或者44亿年历史的锆石颗粒。因此地球至少有44亿年那么古老。

月球和陨石中的证据

历经风雨变化、沧海桑田，锆石颗粒是迄今为止发现的地球上最古老的岩石碎块；但它还不是地球上最古老的物体。最古老的物体是两类来自于地球以外的物体，分别是阿波罗号宇航员带回地球的月球岩石样本和落到地球上的陨石。

如今，行星科学家提出了一个假说：月球的形成是由于一个火星大小的天体与年轻的地球相撞。这个碰撞从地球外延撞出一个行星大小的碎片，这些碎片围绕着地球作轨道运动。这些碎片迅速聚在一起形成了月球。其他任何关于月球形成的假说都无法解释为什么月球中不含铁元素（地球中大部分铁元素在大冲击之前就已经集中于地核），为什么月球岩石中氧的同位素比率与地球地壳岩石中的比率相似，为何月球如此缺乏易挥发物质，如水。

月球没有大气、没有海洋、没有生命，也没有天气。因此，发生的侵蚀只能是由于宇宙射线粒子对月球表面的缓慢磨蚀作用。月球上还有一些地方的岩石自形成之日起就没有发生过变化，因为它们没有遭受过小行星剧烈冲击，也没有被熔岩流覆盖过。几次阿波罗登月任务都是专门针对这种地方进行探索，这样宇航员就有可能收集最古老的岩石样本。许多月球高地发现的岩石样本都有至少 44 亿年的放射性年龄。一些由阿波罗 15 号、16 号、17 号的宇航员带回的月球岩石的年龄长达 45 亿年。由于月球一定比其表面最古老的岩石还要古老，那么月球至少有 44 亿年的历史，几乎能肯定有45 亿年。又由于地球比月球更古老，因此地球最少也要有 44 亿年，或是 45 亿年的历史。这个年龄要比已知的最古老的锆石颗粒还要多几千万年，甚至一亿年。

事实上，几乎所有的陨石都有 44 亿到 45 亿年的放射性年龄。最古老的陨石中最古老的物质是一种被称作钙铝富涵物的微量矿物结构。与锆石颗粒相似，钙铝富涵物形成于围绕着年轻的太阳的气体和尘埃盘之中，在此之后，它就维持原封不动的状态。随着时间的推移，它们与其他的小天体发生碰撞。通过这些黏性碰撞，钙铝富涵物合并成为更大的天体：从尘埃颗粒变成鹅卵石大小，逐渐演化为岩石乃至巨砾。这些更大的天体继续绕着太阳运动，那些保留下来的被称作小行星。

每年都会有小行星相互碰撞，或通过彼此间万有引力的作用改变彼此的运转轨道，因此最终会有少部分小行星来到与地球轨道相交叉的轨道。这些所谓的“近地小行星”最终会与地球发生碰撞。当地球与小行星发生碰撞，小行星的一部分会在大气中燃烧，而没有被熔化或蒸发掉的部分，将会降落在地表。这些物体被称为陨石。钙铝富涵物只能在某种特定的易碎陨石也就是碳质球粒陨石中发现，目前已知的最古老的钙铝富涵物是 1962 年降落于哈萨克斯坦的埃夫雷莫夫卡（Efremovka）陨石。它的年龄是 45.67 亿年。因此，若太阳系的行星形成于陨石之后，并且形成于月球之前（当然，这些都是有可能的），那么地球的年龄一定是介于 45 亿年和 45.67 亿年之间。由于宇宙的年龄一定比月球、地球以及最古老的陨石的年龄要大，因此这些年龄都给宇宙的年龄设定了一定的下限。

第 4 章 对抗引力

“因此，看起来，总体上太阳很可能已经有一亿年没有照亮地球了，而且几乎可以肯定它已经有五亿年没有这样做了。我们可以说，有同样的可能，在未来，如果我们不能提前大量准备一些未知能源，那么在几百万年后，地球居民将无法继续享受对他们至关重要的光与热。”

——威廉·汤姆森（第一代开尔文男爵），发表于《麦克米伦杂志》(1862)，题为《太阳的光热时代》

在 20 世纪，地质学家和地质化学家逐渐从地球岩石、月球样本和陨石中梳理出地球年龄的奥秘。但我们应谨记，即使是对地球年龄最精确的推断也只是一个下限。或许在地球历史的前十亿、五十亿甚至三百亿年中没有岩石能够保留到现在，或许月球是在地球形成后很久才形成的，或许所有的古月球岩石都没能保留下来，也或许阿波罗宇航员没能搜集并带回最古老的月球岩石。也许有更加古老的陨石存在，但它们由于太过脆弱而没能熬过地球大气的炽热降落过程。也许最古老的小行星们在银河系中绕着太阳运行，而它们当中的陨石没能到达地球。

如果这些可能中的任何一种情况成立的话，那从地球或月球岩石以及陨石中推断出的同时代的放射性年龄只能是一种巧合。如果是这样的话，我们所得到的最古老物体的45亿年的年龄并不能告诉我们地球或太阳的年龄，更不用说宇宙的年龄。另一方面，地球、月球、陨石可能都是在同一时间形成的，大概在45亿年前。但是太阳的年龄和围绕它运动的天体的年龄之间有什么关系呢？如果太阳是最先形成的，过了很久之后在星际空间中吸引了已经成型的行星，那么太阳的年龄和这些行星的年龄就没有任何关系了。或者，太阳及其行星系统是在同一时期形成的。如果我们能判断太阳的年龄，我们就能了解地球岩石、月球岩石、陨石的年龄以及整个太阳系的年龄之间的关系。在判断宇宙年龄的工作中，太阳的年龄是非常重要的一步。

18世纪，康德和拉普拉斯都指出，太阳、行星以及绕其运行的更小的天体可能是由同一个漩涡星云形成。两个世纪之后，天文学家通过识别类似的星云以及研究在这些云中发生的恒星形成的过程，确认了这种假说。通常来说，星际云处于膨胀和坍缩之间的不稳定平衡之中。其内部热量产生膨胀的压力，然而云中物质的引力作用却将它们聚集的更紧密。当星际云冷却下来，其热压力减弱，无法平衡引力。平衡点偏向于引力，因此云向其内部坍缩。然而，坍缩的星际云的旋转运动使得内部物质不会完全落到中心；取而代之的是，尽管星云在收缩，但仍然形成了充满气体和灰尘的盘状结构，绕着中心的新生恒星旋转。绕着太阳运转的行星正是形成于这样的盘状结构之中，如图4.1所示。

我们现在已经非常了解恒星形成的物理过程，我们知道它涉及一系列的相关活动。星际云引力坍缩中涉及的物理过程说明，其中

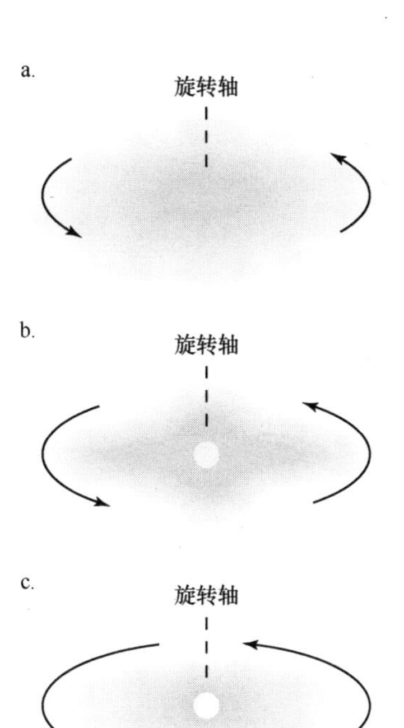

图 4.1 恒星由宇宙空间中的旋转气体云形成的理论图解。

最小的粒子的年龄都能和中心恒星相比；月球和行星是在恒星开始形成之后的几千万年内，由盘中的粒子形成的。所有的天体物理学证据都表明太阳比地球更古老，但差距只有几百万年或者几千万年。最古老的陨石是太阳系中形成的最早固体，它可能和太阳一样古老。

太阳一定存在能量来源

太阳是一个主要由氢气和氦气构成的可以发光的巨大球体。太阳的光芒可以给地球提供热量和光照。我们知道地球与太阳之间的距离，也知道地球的体积。根据这两个数据，我们可以计算地球接收到的太阳光所占的比例。再根据所有的已知信息，我们能计算出太阳每秒释放的能量总和。通过测量其他恒星的距离以及亮度，我们也能对天空中的任意一颗恒星做出同样的推断。

若恒星可以辐射出热量，那么除非内部可以不断供给热量，否则其表面温度一定会降低。由于恒星内部温度高于表面，它会补充表面的热量流失，将热量从内部传递到表面。若不是恒星内部有热量来源供给，恒星内核一定会逐渐冷却。若恒星内核冷却，整个恒星会逐渐冷却收缩。假若恒星收缩，以人一生的时间长度是可以测量到这种收缩的，那这么可观的变化就应该会有历史记录。

然而，太阳的表面温度并未降低；没有历史证据表明，太阳曾在人类发展史中冷却，甚至在地质史上也没有。我们也没有发现任何证据表明其他恒星的表面温度随时间在降低。如果太阳以及其他任何恒星都没有冷却，那么它们一定可以从内部产生热量来补充辐射到宇宙空间所损失的部分。

19 世纪中期，德国物理学家赫尔曼·冯·亥姆霍兹推测，若太阳的热量来自于易燃物质如木头或煤的氧化作用，那么它只能维持 1000 年。然而，若太阳在缓慢收缩，其外延部分向内部核心靠拢，则太阳可以通过将重力势能转变为热量，以此使其能量持续更长的时间。这个过程和不断用大锤上端敲打钉子会加热金属钉是同样的过程。一旦大锤被举起，它就包含了重力势能；放松捶打下来时重力势能转化为动能。当锤子击打铁钉，动能传递到钉子中。部分动能使铁钉进入地面，部分动能仅仅使铁钉中的铁元素振动得更快。与铁钉中原子个体运动相关的能量就是我们所说的热能。原子运动越快，铁钉温度越高。当太阳收缩，离太阳中心较远的原子会向内运动，与较近的原子碰撞，将重力势能转化为动能；这个转变过程使太阳外层温度升高。根据亥姆霍兹的推断，这个过程可以给太阳提供2000万年到4000万年所需的热量。与亥姆霍兹同时代的伟大的英国物理学家开尔文重复了亥姆霍兹的计算，他得到的结果是太阳可能已经有5亿年那么大了。假设地球也是同样的年龄。这个年龄足已保证岩石按照赫顿和莱伊尔的均变论形成。19世纪这些计算太阳可持续发光时长的尝试，合理地解释了太阳、乃至地球的年龄要多于6000年的假设；但是他们并没有给出太阳的真实年龄。

若重力收缩机制真的可以给太阳提供能量，如亥姆霍兹和开尔文所说，这个过程有一个可测量可观察的结论：根据开尔文的推断，太阳的直径应当每年收缩70米。尽管在19世纪，天文学家无法测量太阳直径的微小变化，在21世纪我们已经具备这种测量能力了，而且我们已经得出结论：太阳的直径并没有发生变化。给太阳提供能量的并不是重力收缩。

$$E=mc^2$$

若太阳的表面及内核无论是在亮度，还是在温度上都没有发生变化，且太阳没有收缩，而且已经有数十亿年的年龄（因为太阳年龄一定是与地球年龄相当），那么它内部一定会有强大的能量来源，来补充从内核到表面、从表面到太空的热量损失。19世纪的所有理论都无法确定这种能量来源。

1926年，英国天体物理学家爱丁顿，基于爱因斯坦的狭义相对论提出了一种恒星产生能量的新方法。相对论的一个原则就是，质量（m）和能量（E）是相对应的，一个物体所含能量相当于质量与光速平方的乘积。也就是$E=mc^2$。实际上，$E=mc^2$体现了两种思想：质量只是宇宙储存能量的一种方式；能量在适当的物理条件下（温度，密度，压力）可以从某种形式转化到另一种形式。爱丁顿指出，四个氢原子核（四个独立的质子）可以组合，或相互融合，经历核聚变的过程形成一个氦原子核。由于一个氦原子核的质量略小于四个质子质量之和，爱丁顿指出损失掉的质量被转化为了能量，正是这些给恒星提供了能量。

1929 年，亨利·诺利斯·罗素计算出了太阳大气中元素的相对数量，并总结说太阳体积中 90%都是由氢构成，质量上 45%是由氢构成的。因此，恒星有源源不断的氢供给；根据爱丁顿概述的过程，它们可以给自己提供数十亿年的能量。再加上 1932 年查德威克关于中子的发现，以及 20 世纪二三十年代量子力学的发展，汉斯·贝特推导出了恒星内部核反应的过程。

核聚变所获得的能量

在质子-质子链的反应中，四个质子（^{1}H）组合形成一个氦核（^{4}He），包含两个质子和两个中子；然而，通常不是发生在四个粒子同时碰撞的罕见情况下。取而代之的是，质子-质子链反应包含几个中间步骤，涉及六个质子，而非四个。首先，两个质子碰撞。碰撞后，其中一个质子释放出两个粒子转变为一个中子，这两种粒子分别是正电子（电子的反粒子，和电子质量相同，只不过带正电荷）和中微子（一种不带电荷的质量很小的粒子）。最终的产物包含一个质子以及一个中子；质子表明它仍然是氢核，而中子则使得该氢原子核与正常的氢核相比更重一些。这种较重的氢原子被称为氘，写作^{2}H 或 D，如图 4. 2 所示。

正电子迅速遇到其反粒子——电子；在碰撞中，它们会互相湮灭，将质量全部转变为高能 γ 射线光子形式的能量。不久，γ 射线会被另一个粒子吸收，成为这个粒子的能量，并使其运动加快。由

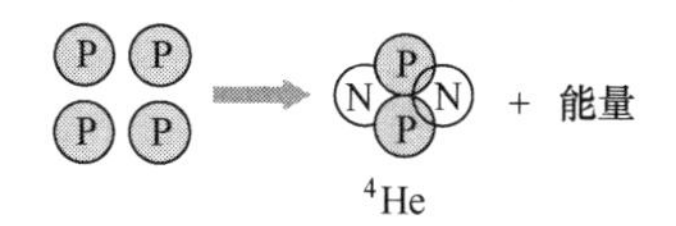

图 4.2 在质子-质子链中，四个质子组合形成一个氦核。在这个过程中，部分质量被转变为能量，小部分质量被转化为中微子。这种核聚变反应为太阳提供能量。

于气体中粒子运动的平均速度会决定其温度，当质子-质子链的第一步重复很多次后，就提升了恒星中心气体的温度。中微子具有“不易与其他粒子碰撞”的特性（被称为“弱反应粒子”），因此几乎反应中产生的所有中微子都飞出了太阳。

在质子-质子链的下一个阶段，氘核与另一个质子相互碰撞产生一个氦核，这只是一个由两个质子和一个中子组成的轻氦核（^{3}He；称为氦-3）。这个反应也产生 γ 射线，会被附近的粒子吸收，为该粒子提供动能，并加热周围的气体。

这两个反应都必须分别发生两次，这样就能形成两个^{3}He 原子核。最终，两个^{3}He 核碰撞，形成^{4}He 核，以及两个质子。四个质子的质量和为 6.690×10^{-24}g，然而一个氦核的质量为 6.643×10^{-24}g。原粒子与产生的粒子质量的细微差距相当于原质量的 0.7%，在这个过程中这部分质量转变为了能量。如果整个太阳质量都可以被用于质量-能量的转换过程（这是不可能的），质子-质子循环就可以给太阳提供 1000 亿年的能量。

质子-质子链的临界条件

给质子-质子链提供能量的碰撞包含带正电荷的原子核之间的碰撞。然而由于带正电原子核之间相互排斥，所以除非在极其特殊的情况下，两个质子是不可能相撞的。事实上，如果两个质子以低速互相靠近，质子相互之间的电磁阻力会阻止碰撞的发生。这就如同两个汽车司机在单行路上低速相对行驶，他们可以及时看到彼此，通过刹车或驶向其他道路来避免相撞。

我们更深入地研究一下汽车相撞这个类比。在何种状况下，两个司机无法躲避相互之间的碰撞抑或与无辜的第三辆车的相撞呢?我们可以确定两个肯定会大大提高碰撞可能性的前提条件：高速行驶以及车辆密集。高速行驶使得司机在发现对方行驶车辆时没有足够的反应时间；车辆密集——也就是在狭窄的道路两旁的停车道都排满了汽车——意味着只要想躲开本车道上的车辆，就一定会撞上附近的其他车。若这两个因素同时存在，两车相撞就不可避免了。

两个质子要想相撞，它们必须足够靠近；也就是说，它们的距离必须小于一个原子核直径（10^{-13}cm）。为了克服这个距离下两个质子的相互斥力，其最低温度应为100亿K（开尔文）。这说明，如果核聚变反应为太阳提供能量，尽管太阳表面温度只有6000K，其内核的温度至少有表面温度的100万倍；然而在20世纪20年代，天文学家就可以断定太阳内核的温度不会高于1000万K，这比100亿K低1000多倍。他们解释道，若太阳内核温度高于1000万K，太阳深处的热气压会导致太阳外层膨胀，使太阳体积增加，半径远超现在的尺度。

显然，如果恒星是通过核聚变获得能量，而这个反应是在几百万度的温度，而非几十亿的温度下发生的，那么我们描述聚变过程的简单蓝图是远远不够的。我们应该提供两个额外且非常重要的环节。一个是气体分子运动论得到的结果。太阳核心的粒子是以气态存在的，每个粒子的运动速度不同。相比于平均速度，部分粒子运动速度较慢，部分运动比较快。当我们问到气体的温度时，我们真正问的是组成该气体的分子运动的平均速度。这种速度的分布被称为麦克斯韦-玻尔兹曼分布，部分粒子的速度是平均速度的两倍，有的是六倍。所以，举例说，若气体温度为 1000 万℃，其中有少部分分子的运动速度可以达到 6000 万℃的气体的平均速度。因此，为了使少部分分子达到 100 亿℃气体的平均运动速度，我们不需要使气体温度达到 100 亿℃，但我们需要使其温度高于 1000 万 K。气体分子运动论使得核聚变更加可能，但它本身并不足以解释太阳中的聚变是如何发生的。如图 4. 3 所示。

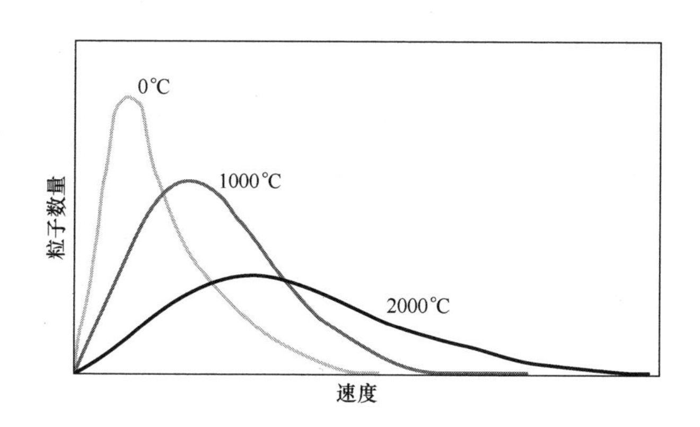

图 4. 3 麦克斯韦-玻尔兹曼分布展示了不同速度的情况下速度（X 轴）与其相对应的粒子数量（Y 轴）的分布。随着气体温度升高，整个分布会拓宽，并移向高速。在太阳内核，只有少部分高速运动的粒子有足够的能量参与核聚变反应。

第二个缺失的环节是由伽莫夫、罗纳德·格尼和爱德华·康顿在 1928 年分别独立发现的“量子隧穿”效应。在两个质子的情况下，我们可以把某个质子对另外一个质子产生的电磁阻力看作一种能量障碍，若第二个质子为了靠近它就必须跳过这个障碍。若第二个质子运动速度够快，那么它就可以克服两者间的能量障碍，并保存足够的能量使其与第一个质子发生碰撞。量子隧穿概念说明，即使第二个质子缺乏克服障碍的能量，它仍有机会穿过这个障碍。在没有量子隧穿的情况下，两个质子在 1000 万℃的环境中相撞的可能性几乎为零。但是量子隧穿指出，尽管这种情况是不易发生的，但任何一对质子在每一百亿年内都会有一次机会相撞。也就是说如果有一百亿个质子，这种情况会每年发生一次。由于太阳内核存在数不清的质子（大概 10^{55}），这个庞大的数量足以使每秒都发生这种不易发生的碰撞（事实上，每秒超过 10^{38} 次碰撞），因此太阳能够通过核聚变反应为自身提供能量。

从太阳内核到表面，其气体温度和密度都会降低。临界半径外的气体温度和密度都很低，就算有量子隧穿的帮助，核聚变反应也不可能发生。临界半径内部区域就是太阳内核；内核外侧的区域被称为包层。太阳中，只有内核的氢原子能够参与到质子—质子链的反应中；而包层中的氢原子无法参与核聚变过程。

质子-质子链反应能为太阳提供多久的能量?

最终，太阳会耗尽内核中的质子，无法再进行质子—质子链反应。这最终必然会导致太阳内部反应的变化。当内核不再产生能量，表面散失的热量将无法从恒星内部得到补充。整个太阳会冷却并收缩。在第 13 章我们还会了解到，恒星内核的冷却和收缩会导致内核的压缩和升温，这就会引起高温高压下的一系列新的核反应。若这些核反应已经在太阳内部发生，它将会在内部结构上发生变化。这些变化会导致太阳体积增加，直至成为一个红巨星。作为一个红巨星，太阳会更大、更亮，同时表面温度会更低。但太阳目前还不是红巨星；因此，其内核的质子还未耗尽。

恒星内核的质量占据整个恒星质量的10%，其中大概有0.7%会通过质子—质子链反应转变为能量。如果我们计算出太阳内核质量0.7%的质子转变成氦核所得到的总能量，如果我们用那个数值除以太阳的光度，我们就能得到太阳像今天一样发光的时间长度：大概有100亿年。因此我们可以确信太阳的年龄小于100亿年。但我们是否可以将这个年龄限制得更加精确一些呢？

每秒钟，太阳内部都有很多质子转变为氦核。这些转变影响着太阳由内到外每一层的密度、温度和压力。由于内核中核反应率取决于密度、温度和压力，因此这些变化会反过来影响核聚变过程本身。这些改变不断积累，逐渐地影响太阳表面的亮度和温度，使太阳在几十亿年的时间内更热更亮。天体物理学家在太阳质量和组成的基础上，可以计算出太阳刚形成时的亮度及表面温度，也能知道随着时间推移，这些参数是如何演变的。从这些计算中，我们了解到太阳既不是新生，也没有到达生命的尽头；事实上，太阳的年龄大约是45亿年。若它再年轻一些，它的温度会比现在低一些，亮度也会暗一些。若它再老一些，它的温度会更高，亮度会更亮。

通过天体物理学对太阳的认识，我们得出了一个结论，太阳和太阳系中最古老的陨石年纪相仿。这与“恒星与其行星系统是同时形成的”这一观点相互独立，却得到了一致的结果。我们可以肯定地说，太阳以及环绕它运行的所有天体，从最小的陨石到月球、地球以及其他行星和卫星，都是在大概45亿年前形成，因此宇宙至少有45亿年这么古老了。

为了确定宇宙的年龄是否也是45亿年，或者更大一些，我们需要将研究转向太阳系之外。任何一个观测过夜空的人都知道，在我们的双眼没有任何辅助工具帮助的情况下，最主要的可见天体就是恒星。或许它们可以告诉我们更多关于宇宙年龄的奥秘。

Ⅱ.

最老的恒星的年龄

第5章 走出去

“这是应用天文学所目睹的最伟大、最辉煌的胜利。”

——约翰·赫歇尔，英国皇家天文学会主席，“1842年2月12日，于英国皇家天文学会年会上授予贝塞耳荣誉奖牌时的致辞”，《英国皇家天文学会回忆录》（1842年）

为了弄清我们是否可以通过恒星来了解更多宇宙年龄的秘密，首先我们应当了解恒星本身。什么是恒星？当然，我们知道它们是光亮的来源。所以这就意味着如果我们能了解更多光的本质，我们可能就可以利用这些知识去拓宽我们对恒星的认识。我们最有可能问的关于恒星的基础问题（我们将在第5章和第6章提及）包括：每个恒星能够发出多少光？恒星有多亮？随后我们会探究通过计算恒星释放的不同颜色的光的总量来测量其温度（见第7章）以及体积（见第8章）。根据恒星的温度和亮度，亨利·诺利斯·罗素和埃希纳·赫茨普龙得到了天体物理学中最重要的一张图（见第9章）。之后这两人和其他天文学家会研究如何利用双星系统的恒星运动来测量恒星的质量（第10章）以及如何利用这张图和对星团的观测来确定我们与星团之间的距离（第11章）。20世纪早中期，天文学家会利用光谱测量来确定恒星的元素成分以及利用核物理来确定恒星是如何产生能量的。综合来看，这些工具使得天文学家能够弄清楚恒星是如何诞生、演化以及死亡的（见第 12 章）。反过来，了解恒星的演化和生命周期可以帮助天文学家确定白矮星（见第 13 章）和星团（见第 14 章）的年龄，这将最终帮助我们推断出宇宙的年龄。

恒星的视亮度

对于任何天体来说，我们所能测量到的亮度——天文学家称之为视亮度——都不是其内秉亮度，或者说不是这个天体发出的绝对亮度。视亮度取决于该天体的两种属性：内秉亮度以及与我们之间的距离。天文学家可以通过一些计量设备（如照相底片、光电管或是 CCD 相机）计算每秒钟从某个恒星发射到地球的光子数量来测量恒星的视亮度。如果可以测量出恒星与我们之间的距离，结合视亮度就可以得到恒星的内秉亮度。有了这些信息，我们可以更多地了解恒星；最终就能够确定其年龄。我们下一步要做的就是解决如何测量地球与恒星之间的距离。

以地球的大小为量尺

在公元前 3 世纪，希腊几何学家和天文学家埃拉托色尼在他计算地球周长时，最先制作出了天文量天尺。他是通过测量夏至日正午两个埃及城市中太阳与天顶（地球上任意一点的垂直方向）之间的角度得到的，其中一个城市位于另一个城市的正北方向。测量地之一是赛伊尼，也就是现在的阿斯旺。在那里，正午时太阳位于头顶正上方，因此太阳的方向和天顶的方向是一致的。另外一个测量地点是赛伊尼正北部的亚历山大港，正午时太阳和最高点的角度是7.2°（圆周长的1/50）。假设地球是圆的，埃拉托色尼将该角度与基本几何原理相结合，推导出亚历山大港和赛伊尼之间的距离为地球周长的1/50。测量出两城市间的距离并将其乘以50，将得到一个比较确切的地球周长（或者说得到了地球的直径）。之后，利用其他几何规律，他又以地球直径为单位测量出地球与月球和太阳之间的距离，其结果与当代测量结果相差甚微。大家都确信，地球与太空中其他可视天体之间的距离都是可以测量的。自埃拉托色尼开始，人类迈出了研究宇宙的第一步。如图5.1所示。

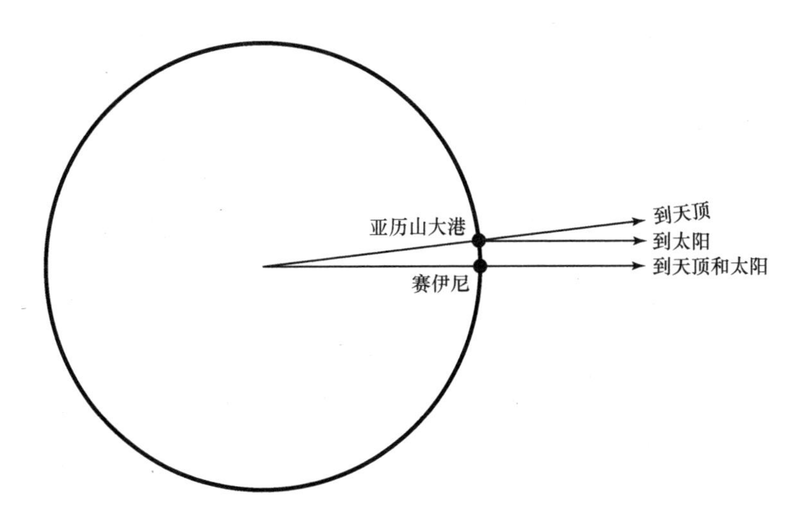

图5.1　埃拉托色尼测量地球周长与直径的方法。

天文单位：更大的量尺

大概两千年之后，天文学家迈出了进入宇宙的又一关键步骤。

他们确定了天文单位（AU）的长度。

天文单位是与地球轨道大小有关的长度单位。从远古时代开始，天文学家就试图测量已知行星的假定圆形轨道的大小，该大小与太阳假定的圆形轨道的大小成正比。根据定义，他们将地球与太阳之间的距离称为一个天文单位（1AU）。在16世纪，哥白尼将“太阳是太阳系的中心”这一最新理论应用到水星、金星、地球、火星、木星和土星的轨道计算中。除了关于“行星沿着圆形轨道绕太阳运动”这一推测，他还将结果精确到了4%的误差范围内。17世纪早期，开普勒推导出行星绕太阳的运行轨道是椭圆而非圆形（这是开普勒第一定律）。简单地说，椭圆是扁平的圆形，有一个短轴和一个长轴。长轴长度的一半被称为半长轴。开普勒把天文单位重新定义为地球椭圆轨道的半长轴，而非地球圆形轨道的半径。天文单位也是他第三定律的两个重要参量之一，开普勒第三定律可以将任何绕太阳运动的物体的半长轴和轨道周期联系起来。尽管开普勒可以通过轨道周期准确推断出其他行星轨道的大小，但这些距离只能通过天文单位来表示。比如，木星轨道的半长轴是5.2AU，土星是9.5AU。然而，开普勒只能猜测天文单位的真实物理长度。如图5.2所示。

1672年，法国天文学家让·里歇尔和让-多米尼克·卡西尼通过测量火星的三角视差（在下一节会介绍这一概念），首次精确测量了天文单位的物理长度。他们的结果是：一个天文单位相当于1.4亿km。到19世纪末期，天文学家将该测量精确到0.1%。最终，通过1961年金星表面雷达信号反射，以及1962年水星表面雷达信号反射，天文学家将天文单位的精度精确到1.5亿分之一。天文单位（149597870.69km）现在如此精确，我们也同样可以精确

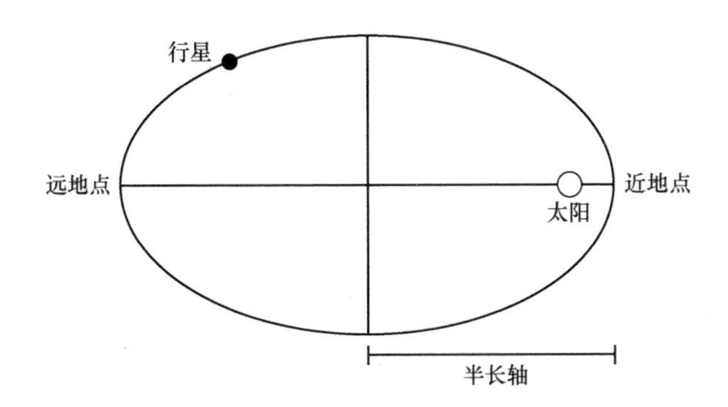

图 5.2 开普勒发现行星绕太阳的运行轨道是椭圆，而非圆形。轨道的大小一般是通过椭圆半长轴来描述。对于地球的轨道，这个长度是一个天文单位。行星与太阳最近的地方叫近地点，最远的地方叫远地点。

测量出太阳与任何一个绕其运动的天体之间的距离。

到目前为止，我们对宇宙的探索已扩展到绕太阳公转的所有天体。但是这到底有多远？冥王星曾经是并且可能还是未来的第九颗行星，其轨道半长轴为 39. 5AU。赛德娜（Sedna）很有可能是在与柯伊伯带的另一个天体近距离相遇后，从柯伊伯带分离出来的一个天体。目前其与太阳的距离为 90AU，轨道半长轴为 536AU。因为赛德娜具有高度椭圆形轨道，在 2075 年它到达近地点时与太阳的距离将仅为 76AU，而 6000 年后的远地点与太阳的距离将为 975AU。一些彗星的轨道比赛德娜的还要远，与太阳的距离可能会超过 10000AU。这些彗星的公转周期为几百年。然而，不管是赛德娜还是远距离彗星的距离，在比邻星（除了太阳之外离地球最近的恒星）的相比之下就显得微不足道了。当然比邻星并不绕着太阳运行，所以我们不能使用研究太阳系内部距离的方法来测量与比邻星或其他恒星的距离。

为了更深入地探索宇宙，测量恒星间的距离，天文学家需要一个比天文单位更长的测量工具。从天文单位获得的经验知识使得天文学家可以发展新的方法来逐渐接近他们的目标，也就是三角视差。

三角视差

将手臂伸直放在身体前侧，食指向上方竖起。闭上右眼，用左眼观察食指，在头脑中记录下看起来似乎在食指后方，而实际距离很远的物体的位置。现在睁开右眼，闭上左眼，重复之前的步骤。如果你之前不知道手指很近而背景物体比较远，你可能会以为你的手指从一个地方移到了另一个地方；实际上，手指并未发生移动，而是观测地点发生了变化（从左眼变化到右眼）。这种手指位置的改变称为三角视差。从双目的视角，可以观测到物体位置细小的角度变化（视差角）。因为近处的物体的角位移比远处物体要大，所以三角视差角测量能够推测出相对距离。

如果我们考虑直角三角形的边和角度，可以使视差测量变得精确和定量。直角三角形有一个90°的角。当我们做视差测量时，我们是在测量另外两个角度之一。由于三角总和为180°，从一个角度就可以推算出这个直角三角形的其他角度。根据希腊几何学家欧几里得2400年前发现的几何定律，只要知道三角形的两个角的大小（显然，如果知道两个角的角度，第三个角度也就知道了）及一条边的长度，我们就可以推断出三角形的三边长度。因此，若我们能测量相对于某一恒星的视差角以及视差三角形的某一边长（在实践中不是一件简单的事情），就可以推断出我们与恒星之间的距离。如图5.3所示。

当我们通过肉眼进行视差测量时，实际进行了两次测量，每只

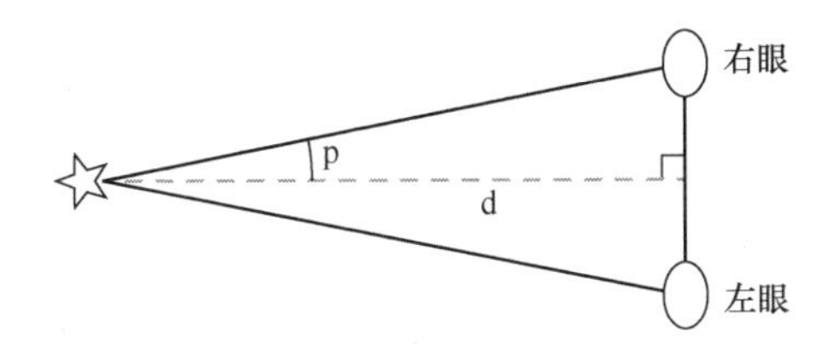

图 5.3 视差是指当从不同视角观测同一物体时所产生的方向或位置的变化。在双眼视觉下，一直都存在视差（由于两只眼睛的位置不同，所以是两个不同的视角）。

眼睛分别一次，我们利用了两个背对背放置的直角三角形。两个三角形在形状、镜面图像上相等，并有一条公共边，也就是从鼻梁到被测物体的距离。在这种情况下，我们也知道一边的长度，也就是三角形的底边：鼻梁到眼睛中心的距离大概是 3.5 厘米。假设我们已知三角形的三个角度（直角，测量的视角差，总和 180°减去两角之和）以及一条边的长度，我们就能推算出与物体间的实际距离。大脑不断地执行这些视差测量及运算，使我们能够判断距离并（一部分人能）安全停车或接球。

随着与物体距离的增加，我们对视差角度的判断能力逐渐减弱。在极限距离情况下，视差角太小而无法测量，我们由此推断物体很遥远；我们无法测量其具体的距离，也不能判断两个这样的物体哪个更遥远一些。

如果能利用更大一些的三角形，我们就能对更远一些的物体进行精确的视差测量。既然我们无法改变与恒星间的距离，三角形中唯一可变化的部分就是底边的长度。通过两台相隔较远的望远镜进行测量，可以增加底边的长度。当我们用远距离的两台望远镜进行视差测量时，直角三角形的底边相当于两个观测点距离的一半。若我们将两台望远镜安置在不同的大洲上，其距离可达几千公里。如

图 5.4 所示。

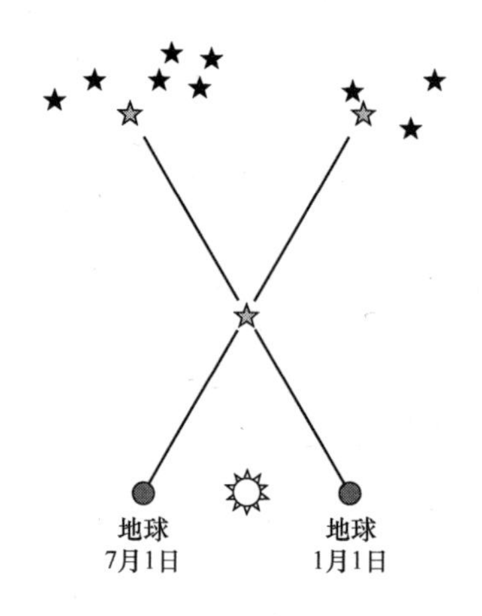

图 5.4　年度视差运动。在 1 月~7 月，地球绕轨道运行了一半。当我们在 1 月和 7 月分别观测附近的某颗恒星时，该恒星似乎相对于更远的恒星的位置发生了移动。

我们还可以做得更好。只需要利用好地球一个非常简单的特性：地球围绕着太阳转。类比我们双目的视差测量，其中一只“眼睛”想象为任意时刻地球或地球轨道上的一台望远镜，另一只“眼睛”是六个月之后的相同望远镜，也就是地球的轨道运动使得望远镜运动到太阳的另一边；太阳的位置就类似于鼻梁的位置。新三角形中“眼睛到鼻子”的距离就是地球到太阳的距离，也就是一个天文单位。我们现在就得到了一个底边为 1.5 亿千米的三角形，这可以被用来测量很遥远的恒星的视差角。最终，天文学家希望把两台望远镜放置在太阳系的两端，以此来增加底边长度；但是在可预见的未来内，视差测量会被局限在地球轨道这一水平上。

秒差距——更大的量尺

自从天文学家研究出了视差测量法，只要选择适当的距离和角度单位，其数学运算就会很容易。首先，角度单位。圆一周的角度是360°。每一度都包含60弧分（满月的角度大概是30弧分）。每一弧分包含60弧秒。总的来说，一圆周相当于1296000弧秒。若经过测量，某一恒星的视差角为一弧秒，则经过运算其距离应为206265AU。由于这个数很大，天文学家为了方便起见将其定义为1秒差距；因此，一秒差距就是视差角为一弧秒的恒星与我们之间的距离。根据这个新定义的单位，恒星的距离（秒差距，缩写为pc）是其视差角（单位为弧秒）的倒数。例如，若视差角为0.1弧秒（写作0.1″），距离就是10秒差距；若视差角为0.01″，距离就是100秒差距。

根据上面两个例子，显然，视差角越大，距离就越小；若视差角比较小，其距离就会较远；当视差角小到无法测量时，其距离就大到无法利用视差法进行计算。对于更遥远的天体，我们定义千秒差距kpc（1kpc=1000pc），百万秒差距Mpc（1Mpc=1000kpc），十亿秒差距Gpc（1Gpc=1000Mpc）。

实际中的视差测量并非易事

两千年来，自古希腊人首次开始测量天体的运动和位置，天文学家就开始为恒星进行视差测量，但他们得到的结果总是一样的：视差角p总是0弧秒。这个结果意味着星星都太远了。同样，这也可能说明七月份和一月份得到的恒星的位置是从太空中同样的位置测量的；换句话说，p=0″的测量结果意味着地球不绕着太阳运动。自公元前4世纪亚里士多德时期，到1543年哥白尼提出地球绕着太阳运动，在这段时期内，人们更接受第二种解释。然而在哥白尼提出了日心说模型之后的一个世纪内，第一种解释为恒星距离太过遥远的说法占据了优势。

视差的测量非常困难，因为恒星实在是太远了。最近的恒星比邻星的视差是最大的（p = 0.772″），差不多是四分之三弧秒。若我们要求角度测量的精度，其困难是可想而知的。在17世纪早期发明望远镜之前，天文学家制作的最精准的天体角度测量工具是16世纪由丹麦天文学家第谷制作的。其精度在一弧分（60弧秒）以内。这就意味着在天文学家测量出最近的恒星的距离之前，他们必须首先将仪器的测量精度提高近100倍！

就算是发明了望远镜，视差测量也是一个极大的挑战。两个多世纪以来，科学家们一直在努力提升望远镜的规格和质量，直到1838年，才由三位天文学家分别独立地计算出了三个不同恒星的视差角。从1837年到1838年，通过98个夜晚的观测数据统计来看，德国天文学家贝塞尔在1838年十月宣布，他计算出了天鹅座61恒星的视差距离。其视差角p = 0.314″，所以贝塞尔确定天鹅座61的距离为3秒差距（现代数据是p = 0.286″，距离为3.5秒差距）。两个月后，苏格兰天文学家亨德森，在他刚刚任命为苏格兰皇家天文学家后，报告说根据他1832年到1833年的观测数据，半人马座最亮的恒星的p = 1″（现代数据为p = 0.747″，距离是1.34秒差距）。接下来是出生在德国的俄罗斯天文学家斯特鲁维根据1835—1838年三年间共96晚的观测数据计算出织女星的视差为p = 0.262″（现代数据为p = 0.129″，距离为7.75秒差距）。

在贝塞尔、亨德森和斯特鲁维取得的突破性进展之后的150年间，天文学家付出了大量时间和资源来测量恒星的距离。大多数时间内，进展缓慢且耗费了巨大的精力。直到1878年，天文学家只成功用视差法测量出了17颗恒星的距离。到1908年，用该方法测量的恒星的数量达到了100颗；1952年，较为完整的“耶鲁视差表”列举出5822颗恒星的距离。到20世纪50年代，地面的测量技术到达了瓶颈。利用地面照相和传统测量技术得到的最小的视差角为0.02弧秒（0.02″），也就是仅仅50秒差距的距离。然而在银河系中有几千亿颗恒星，而50秒差距的范围内只有大概十万颗恒星，而这些相对来说比较近的恒星中大多数都非常暗弱，不适合进行视差测量。因此，只能计算50秒差距（约一千亿千米）内的很小一部分恒星。

1980年，认清了视差测量工具对测量宇宙中天体距离的重要性，欧洲航天局开展了依巴谷卫星（Hipparcos 高精度视差采集卫星）计划。卫星于1989年发射，开始了为期四年的任务，测量100000多颗恒星的位置和视差距离，其精度为0.002弧秒。该计划取得了极大的成功，最终在精度为0.001弧秒的情况下，得到了120000颗恒星的距离。本章的内容完全不能描述该成功背后所付出的努力。我们关于恒星、星系乃至整个宇宙的所有知识都是取决于这些基本的测量数据。

第6章
距离和光线

我们进一步将视差为 π，距离为 r 的恒星的绝对星等（M）定义为，假设该恒星处在太阳距离（视差为0.1″）时将具有的视星等大小。

——卡普坦（J. C. Kapteyn），《关于固定恒星的光度》，格罗宁根天文实验室的出版物（1902）

依巴谷和星等

公元前2世纪，希腊天文学家依巴谷编辑了一部包含850颗恒星的星表，正如依巴谷卫星一样，他记载了每颗恒星的位置和亮度。然而，与依巴谷卫星不同的是，依巴谷无法测量恒星的距离；实际上，他根本就没有尝试去测量，因为在那个时代，天文学家都认为所有的恒星与地球的距离相等。他测量的光度，被称为星等，能够比较出夜空中星星的相对亮度。

根据依巴谷的研究，一等星是最亮的，二等星大概比一等星要暗两倍，三等星比二等星暗两倍。最暗的恒星是六等星，比一等星暗 32 倍（2×2×2×2×2 = 32）。

若利用依巴谷的星等概念，我们可以发现比其星表中最亮的恒星还要明亮两倍的星星，这颗星星可以在南非被观测到，而在依巴谷工作的地中海罗德岛是无法观测到的，我们将其命名为零等星。若将金星用这种方法计算，其亮度为-5 等星，太阳为-27 等。依巴谷的体系已经被天文学家们修正，可是（不幸的是）仍被广泛使用。在当代星等体系中，相差一个星等的恒星，亮度相差 2. 512 倍；若一颗恒星比另一颗恒星小了五等，就相当于该星亮度为另一颗恒星的 100 倍。

平方反比定律

依巴谷认为他的星等说可以帮助人们对恒星的真实亮度做出直接的比较，显然这是错误的。星等确实可以比较出每颗恒星到达地球的光度；但是，到达地球的光度是由恒星内禀亮度和距离共同决定的，除非我们知道恒星到地球的距离，否则我们无法直接比较恒星的真实亮度。

用两个灯来做类比。假设起初我们并不了解每个灯泡的亮度，但我们知道灯泡 A 是 10 瓦，灯泡 B 是 90 瓦。左手右手分别拿一个灯，都距离身体一个手臂的距离；灯泡 B 看起来会是灯泡 A 亮度的九倍。因为我们知道两个灯距离是相同的，所以我们可以推断出灯泡 B 的内禀亮度是灯泡 A 的九倍。

现在，还是用这两个灯。将 10 瓦的灯泡安置在距离眼睛一米处，90 瓦的灯泡安置在微型轨道的轨道车上。慢慢地使轨道车向后移动直到两个灯泡看起来一样亮。在这种情况下，我们知道两个灯泡的内禀亮度，也知道亮度更大的灯泡距离更远。测量 90 瓦灯泡的距离为三米。当距离三倍远（3 米）的情况下，内禀亮度高九倍（90 瓦）的灯泡看起来和 10 瓦的灯泡一样亮。如图 6.1 所示。

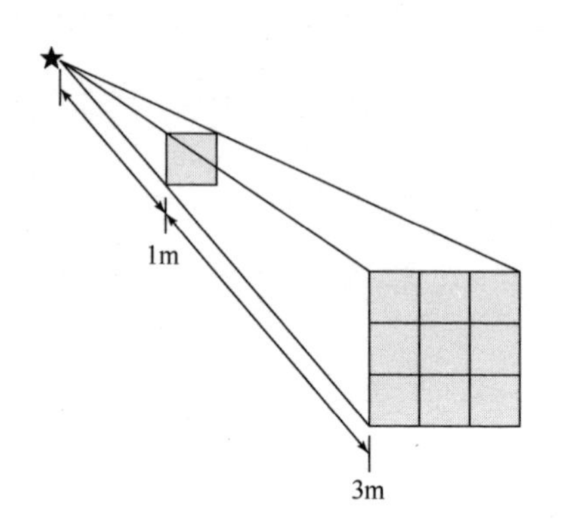

图 6.1　平方反比定律。当一个物体置于发光源 3 米远处，相比于置于 1 米位置的同样物体，光源照亮的面积为其 9 倍。因此，置于 3 米外的物体的同等面积所接受的光度为 1 米远物体的 1/9。

接下来我们用两个不知道内禀亮度的灯泡做实验。这次，我们不握着电灯，对其距离也一无所知，但观察可知其亮度是相等的。在这个实验中，我们如何判断两个灯泡瓦数是否相同，其距离是否相等，抑或是内禀亮度更大的灯泡是否放置在了比较远的地方？在没有准确的距离测量的情况下，任何一种解释都是可能的。

来自中心点的光在所有方向均匀分布。如果将光源放置在巨型球壳的确切中心，则球的内表面每平方米区域所接收的光照是均等的。我们可以通过将光源的功率除以球的表面积（与球的半径的平方成正比），来计算球的内表面每平方米将接收多少光。如果球体的直径为 4 米，并且光源是 50 瓦的灯泡，则均匀照射球体内表面约 50 平方米的光强度将接近每平方米 1.0 瓦。但是如果我们使用同样的 50 瓦灯泡照亮十倍于该球体的物体，也就是直径为 40 米的球体，会怎样呢？光线均匀发散到 5000 平方米的球面上，每平方米的平均亮度会变为之前的 1/100，也就是每平方米 0.01 瓦。换句话说，当离光源距离为 10 倍远的情况下，光强是原来的 1/100。这就是平方反比定律。

若选择两颗恒星——称为 A 星和 B 星——内禀亮度相同，但一颗的距离是另一颗恒星的 10 倍，则距离远的恒星的光度看起来只有另一颗的 1/100。若 A 星距离是 B 星的 2 倍，则 A 星亮度看起来只有 B 的 1/4；若两颗恒星看起来亮度相同，而 A 星距离是 B 星的 2 倍，那么 A 星的内禀亮度必须是 B 的 4 倍才能弥补距离上的遥远。

天文学家的语言：视星等和绝对星等

在天文学术语中，视星等（用小写字母 m）代表一颗恒星在夜空中看起来的亮度。依巴谷测量的是视星等。绝对星等（用大写字母 M）就好比灯泡的瓦特数，代表恒星的内禀亮度。绝对星等的测量既要求知道视星等，也要求知道恒星的距离。测量恒星的视星等是比较直接的，观测恒星的亮度（用望远镜或者不用都可以），对其视星等做出一个判断（依靠肉眼或者精密测量仪器，如照相底片或数码相机）。而真正对两颗恒星亮度进行比较的绝对星等测量起来要困难得多，因为我们既需要知道恒星的视星等，也需要了解它们的距离。

1902 年，伟大的荷兰天文学家卡普坦定义绝对星等为“当距离为 10 秒差距时的恒星的亮度”。国际天文协会于 1922 年的首次会议上系统地提出该定义。从那以后，当天文学家讨论或者比较恒星亮度时会用到绝对星等。当然，并没有哪颗恒星恰好处于 10 秒差距的位置，因此所有恒星的绝对星等都是利用亮度的平方反比定律根据其实际距离和视星等计算出来的。利用这些性质，我们可以推算出恒星处于 10 秒差距时的亮度。

天文学家如何得出一颗特定恒星的绝对星等呢？首先，天文学家测量恒星的视星等为+10（$m=+10$）。随后，测量恒星的视差为 $p=0.01''$。根据视差，计算出恒星的距离为 100 秒差距。由于天文学家想要将这颗恒星的亮度同其他恒星比较，那么该恒星的绝对星等是多少？绝对星等是距离为 10 秒差距的恒星的亮度。那么将恒星从 100 秒差距的位置平移到 10 秒差距处会怎样？答案是：恒星的距离减小了 10 倍，根据平方反比定律，亮度变为原来 100 倍；根据星等的定义，亮度增加 100 倍相当于减小五个星等，因此该星的绝对星等是+5（$M=+5$）。由于太阳的视星等为−27，绝对星等是+5，因此我们推断这颗视星等为+10 的恒星的亮度和太阳差不多。

依巴谷卫星测量了十万多颗恒星的视星等和视差（也就是距离）。它发现了些什么呢？在太阳周围，就绝对星等来说，最亮的恒星是参宿七，绝对星等为−6.69。最暗的恒星的绝对星等为+13。这个发现告诉我们在太阳系周围，最亮的恒星比太阳亮大约 11.5 个星等，也就是比太阳明亮四万倍；最暗的恒星比太阳暗八个星等，也就是太阳亮度的 1/2000。若我们对最亮的恒星和最暗的恒星进行比较，我们发现前者的亮度是后者的 8000 万倍。突然之间，只要精密测量了两个恒星的参量：视星等和视差角，我们就开启了天体物理学的研究。我们了解到，恒星亮度的范围是很大的，太阳处于整个亮度范围的中间位置，比最暗的恒星明亮，比最亮的恒星暗弱。测量绝对星等的能力是非常重要的工具，能帮助我们走向宇宙的边界，确定其年龄。

第 7 章
没有同样的恒星

相反，如果两颗恒星彼此真的非常靠近，并且同时又被绝缘到不受其他相邻恒星的引力实质影响的程度，那么它们将组成一个单独的系统，并保持连接，通过彼此之间相互引力结合。这被称为真正的双星；所有相互连接的两颗恒星形成了我们现在要讨论的双星系统。

——威廉·赫歇尔爵士，《500 个新星云，星云状星群，行星状星云和星团》的目录中；以及《论天的构造》，《伦敦皇家学会哲学著作汇编》（1802）

两千年前，依巴谷做出假设，所有的恒星与地球之间的距离是相同的，它们之所以亮度不同是因为其内禀亮度的差异。在那个年代，这个假说是很有道理的；但到了 18 世纪，该假说则难以立足。亚里士多德的宇宙物理和地心说被牛顿物理和哥白尼日心说所取代。天文学家早已一致认为太空中恒星到地球的距离是不同的，尽管直到 19 世纪 40 年代，才能够测量出地球到恒星的距离。18 世纪的天文学家与依巴谷的假设恰好相反，认为所有的恒星除了到达地球的距离不同外，所有的性质都是相同的。因此，亮星之所以明亮仅仅是因为距离比暗弱的恒星更近一些。

不一样的亮度

专业音乐家、自学成才的天文学家威廉·赫歇尔做出了18世纪最重要的天文研究，所有的研究发现都是依靠他自己在院子里建的直径19英寸、长20英尺的望远镜。尽管赫歇尔因发现天王星而广为人知，但他实际上将大部分精力投入了对恒星的研究。最初，赫歇尔接受了一个普遍的前提，即所有恒星的所有内在特性都相同。他还假设恒星彼此之间的距离相等，并且平均距离是太阳到小天狼星或大角星的距离。这是他在英国的夜空自己的视线中可以看到的两颗最亮的恒星，因此，按照他的逻辑，是离太阳最近的两个恒星。

作为研究计划的一部分，赫歇尔花了很多时间观测看上去距离相近的恒星的位置。他认定这样的双星实际上是两颗恒星恰巧处于夜空的同一方向，但一个比另一个距离远得多。基于在一对恒星中，明亮的那个一定比昏暗的星星距离更近的前提下，赫歇尔通过观察近处恒星相对于远处恒星的运动，致力于计算之间的视差。尽管他连一个恒星的视差都没能计算出来，但他确实发现，这种暗星和亮星的组合发生的频率大大高于恒星均匀分布在空中的组合。他还发现，到19世纪早期在他观测双星的二十年间，夜空中有些暗星—双星组合的角度发生着持续且可预测的变化。这种双星位置的变化揭示了双恒星系——赫歇尔于1802年定义了术语双星——双恒星系包含了两颗绕着同一中心运动的恒星，该体系遵循牛顿引力定律，且它们距离地球和太阳的距离必须相等。

这项发现是具有重要意义的，不仅仅因为赫歇尔发现了新的恒星类型，也是因为双恒星系中暗星与亮星的同时存在证明了并不是所有的恒星都是相同的。有些恒星本质上暗弱一些，有些恒星更加明亮一些。在19世纪初，天文学家意识到恒星的内禀亮度和距离都是不同的。

颜色也不一样

早在公元前2世纪，伟大的希腊天文学家托勒密发表报告称六颗恒星——毕宿五、心宿二、大角星、参宿四、北河三、天狼星是黄色的，其他恒星是白色的。以他那个时期的知识背景，这种黄色被认为是由于恒星的光线穿过地球大气层导致的，而不是由于恒星本质上存在着颜色差别。

在18世纪70年代后期，赫歇尔也注意到了恒星颜色的不同，并在1798年对六颗恒星进行了研究，发现毕宿五、大角星、参宿四要比南河三、天狼星、织女星这三颗恒星颜色更偏向于红色和橘黄色。由于他不愿意相信这些颜色是恒星的内禀特征，他错误地推断恒星的颜色差别是由于恒星的某种运动引起的。直到1822年赫歇尔去世，也没能对颜色不同这一问题找到满意的解释。直到十年后，斯特鲁维对比了广泛的双星系统的颜色，证明恒星的颜色是其内禀特征，与大气影响或是恒星运动并无关系（在第10章会涉及，19世纪40年代，多普勒提出了在某些情况下，一些恒星细微的颜色差别可能与其运动有关）。直到19世纪30年代，天文学家意识到，不同恒星的亮度和颜色都是有差别的。

不同的光谱

在 1672 年 2 月 19 日的哲学学报中，有一篇牛顿的关于光线颜色的文章。这篇文章奠定了牛顿在自然哲学界的地位，展示了他在光学界的成就——白光是由一组不同颜色的光谱组成，从紫色到红色。如图 7. 1 所示。

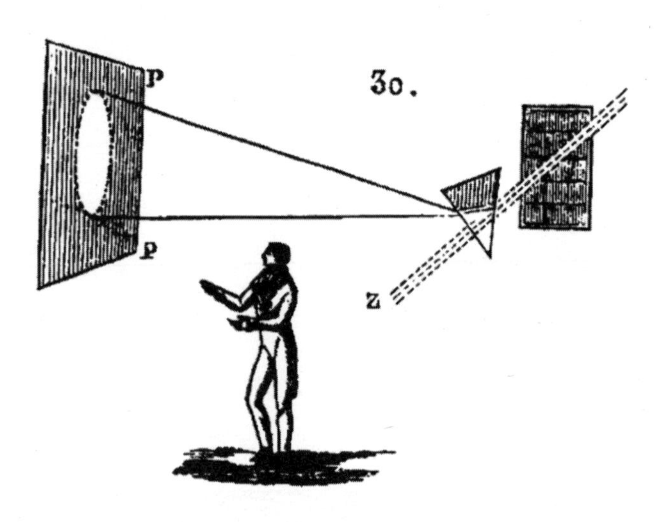

图 7. 1　牛顿的白光实验。由此他证明了太阳的白光能够被分解为彩虹的七种颜色。如伏尔泰于 1738 年出版的《牛顿哲学原理》中的素描所描绘的那样。

英国化学家威廉·沃拉斯顿（William Wollaston）和德国的玻璃制造商约瑟夫·夫琅和费（Joseph Fraunhofer）分别于 1802 年和 1814 年发现了太阳光谱中的暗线。沃拉斯顿证认出了七条暗线；夫琅和费辨别出上百个，并且夫琅和费确信它们都是太阳的内禀光谱。夫琅和费在他最初发现的三年之后，在其《不同种类玻璃的折射和色散能力的测定》一文中说到，天狼星的光谱也呈现了三条暗线，一条绿色的以及两条红色的。“这些颜色看似与太阳光毫无关系。”他还说，“在其他一等星的光谱中也存在暗线，然而这些恒星由于暗线的关系，看上去似乎是互不相同的。”

因此直到 1840 年，赫歇尔的认为所有恒星都相同的理论最终被恒星在亮度、颜色、光谱上是不同的这个理论所取代。天文学也因此即将让位于天体物理学。

光是什么？

为了更好地了解 19 世纪及之后其他的重要天体物理学发现，我们应当了解几个光的重要性质。光对天文学家来说是最基础的：我们观测天体的时候测量的就是天体发出的光。因此，接下来我们将简单地了解光的基本物理性质，解释其性质是如何对恒星的研究起到重要作用的。

光是在空间中移动的能量。在光的前行过程中，它有时会在物体表面反弹（反射），正如网球在地面反弹一样；换句话说，光就如同一个固体粒子。其他情况下——比如光通过狭缝或是墙角——光表现出的是波动性。物理学家称之为光子，光在太空中传播时的表现有时像粒子、有时又像波。

光在真空（不存在有质量的粒子的空间）中的速度为每秒 300000 千米。在空气、玻璃或是水中的速度稍慢一些。在某些特殊的介质中，光波长的光子比光波短的光子传播速度要稍快一些。

光子的性质是由其波长、频率和能量所决定的。波长是指一个峰值到下一个峰值的距离。假设所有光波在真空中以相同的速度传播，那么在固定时间内通过一个固定点，波长较长的光比波长较短的光通过的波的数量少。一秒钟内通过固定点的波数是光的频率

（计量单位为每秒光波数或每秒内完成周期性变化的次数）。波长和频率成反比，波长与频率的乘积等于光速。由于光在真空中的速度为定值，因此波长较长的光子频率较低，波长较短的光子频率较高。光子所携带的能量与其频率成正比，与波长成反比。因此，高频率短波长的光子所携带能量要高于低频率长波长的光子。

我们在辨别颜色时，实际是在测量光线的波长。我们的眼睛足以分辨特定的波长，也就是那些能够产生光谱中从紫色到红色的彩虹光的波长。长期以来，科学家们一直认为只存在这几种颜色。然而，在 1800 年赫歇尔发现光线能够使温度计升温，而当温度计置于光谱红色以外时，虽然人类肉眼看不到光线，但温度计也升温了。赫歇尔指出光谱并不仅仅局限于人的肉眼能看到的最长的波长；事实上，光谱在肉眼可视之外更长的波段还在继续，包括我们所说的红外区域。德国化学家里特在研究了赫歇尔的实验后，于 1801 年使用同样的实验技巧，发现了比肉眼可视的最短的光线（紫光）还要短的波长，也就是我们所说的紫外光。

如今我们知道，电磁光谱从最高能量的光子，也就是伽马射线，逐渐延伸到能量稍低的 X 光，再到远紫外线、近紫外线、可见光、近红外线、远红外线、微波，最终是能量最少波长最长的射电波。由于我们的眼睛无法探测到可见光之外的颜色，因此我们需要仪器辅助观测其他电磁波。比如说人类的骨头是优良的 X 光观测仪器：这是因为骨头的密度能够阻止 X 光通过，因此放射科医生所拍摄的照片能够反映出骨头的负像。人体皮肤细胞中的黑色素对紫外线非常敏感，水分子可以测量红外线和微波。当然，人类骨头、皮肤以及水分子在对恒星及星系的亮度进行定量分析时并没有帮助。因此天文学家设计并制造了一系列的测量仪器，能够从天体物理学所观测的光源出发，探测到完整的电磁光谱。

不同材料（例如这些材料的成分，密度和温度不同）在检测不同波长时或多或少会有不同的结果，由于类似的原因，在不同波长下观测天体时，它们看起来会非常不同。

在观测 X 光波段的蟹状星云时，它看起来像一个旋转的圆盘并且有一条喷流从盘中喷出；而在紫外光波段，它却如同一个充满细丝的气泡。通过专门测量不同波段的望远镜，天文学家能够了解恒星、星系以及星际空间中产生这些光线的过程。利用数种望远镜在不同波段下研究同一个天体，就能了解距地球很远之外发生的各种各样的天体物理学现象。

光的颜色

通过肉眼我们可以分辨物体的不同颜色：草地是绿色的，玫瑰花是红色和黄色的，蓝莓是蓝色的，灰烬是黑色、红色、橘黄甚至是白色的，火焰可能是黄的或者橘黄，也可能是蓝色的，太阳是黄色的。物体有不同的颜色的原因可能是以下其一：要么是它们本身发光，或者是它们能够反射那种颜色的光，也可能是它们能够发射所有颜色的光，然而以一种颜色为主。

正如牛顿所说，白色的太阳光是由可见的所有彩虹光组成的。当白色的太阳光照射在胡萝卜上，胡萝卜内的化学物质吸收了除了橘黄色以外的所有光，只有橘黄色的光没有被吸收，而被反射出来，因此胡萝卜呈现出橘黄色。成熟的柠檬能够吸收除了黄色以外的所有光，对黄光进行反射。绿叶吸收除绿色外的所有光，反射绿色的光。

地球接收的太阳光被称为可见光的连续光谱，这是因为它包含了肉眼能够看到的所有光。夏天的树叶上所反射出的光谱在绿色上是连续的，但由于其他颜色都被吸收了，因此在所有光上不是完全连续的。

当白色的太阳光穿过气体时，如地球的大气，大部分连续光谱都能经由气体传播；然而，在多数情况下，少数特定的颜色，可能是特定的暗红色或暗黄色，会从原来的连续谱中被过滤出去，这样形成的光谱被称为吸收谱。

太阳之所以呈现出黄色是因为，尽管太阳能够发射所有颜色的光，但是其中的黄光是最多的。一块灼热的木头能发出肉眼能够看到的所有颜色的光，这些光混合在一起呈现出白色。同样的一块木头在变冷的情况下会呈现出红色，是因为温度降低时，木块发出的紫色、绿色和蓝色光减少，因此红光占据着主要地位。任何密度足够大的物体（使得组成该物体的粒子经常接触或碰撞），以及那些低密度但体积足够大的物体，都能发出连续光谱；在每种颜色上发出的光的总量（从伽马射线到无线电波，贯穿整个电磁光谱）只取决于该物体的温度。来自此类物体的光称为热辐射或黑体辐射。

恒星温度计

黑体是一种仅由物体温度决定的（无论温度高低）向外辐射电磁波的理想物体。通过使用一个世纪前德国物理学家普朗克发现的黑体辐射定律，我们能够准确描述在一个特定温度下任何波长或是频率的物体所发射出的能量（我们能够准确得到给定温度下的物体在任意波长或频率所辐射出的能量）。在波长或频率作用下释放出的能量被称为黑体光谱或普朗克光谱（以波长或频率为函数，反应物体辐射能量的图被称为黑体谱或普朗克黑体谱）。在这样的图上，其实在天文学家所做的所有工作中，温度都是以开尔文（K）为单位的。在海拔为零的地方，水沸腾的温度是 373K（100℃），结冰的温度是 273K（0℃）。

黑体光谱还有几个重要的特性：黑体辐射覆盖了所有波长，从伽马射线到射电波段；黑体在每个波长辐射的光线数量从最短的波长开始急剧增加，达到峰值后会以稍慢的速度减少。黑体释放最多光线所在的波长会随物体温度而变化，温度较高的物体峰值波长较短，温度较低的物体峰值波长较长；在相同表面积的情况下，温度较高的黑体会释放更多的光线和能量。温度特别高的物体（当温度达到几百万度），比如黑洞周围的盘，辐射出的主要是 X 射线。温度在几万度的物体（温度最高的一部分恒星）的辐射主要分布在紫外区域。几千度的物体，如太阳，辐射的大部分是可见光。几百度的物体，比如你、我或是地球，辐射的主要是红外线范围内的光（尽管这些物体也能释放出微弱的红光，可以被夜视镜收集并放大）。如图 7. 2 所示。

正如我们提到的，黑体释放能量最多处的波长仅由物体的温度决定；这种关系被称为维恩定律。在相同的温度下，体积大的物体释放的总光线要多于体积小的物体，但物体体积的大小并不会对其辐射的最主要的光的波长造成太大的影响。维恩定律告诉我们，如果能够测量一个物体发出的光的所有波长，并确定两点——一是它像黑体一样释放光线，二是它发出的哪种光线的波长（它的颜色）最多——这样就能依此计算出物体的温度。

大多数恒星释放光线都与黑体类似。实际上，天文学家能够先

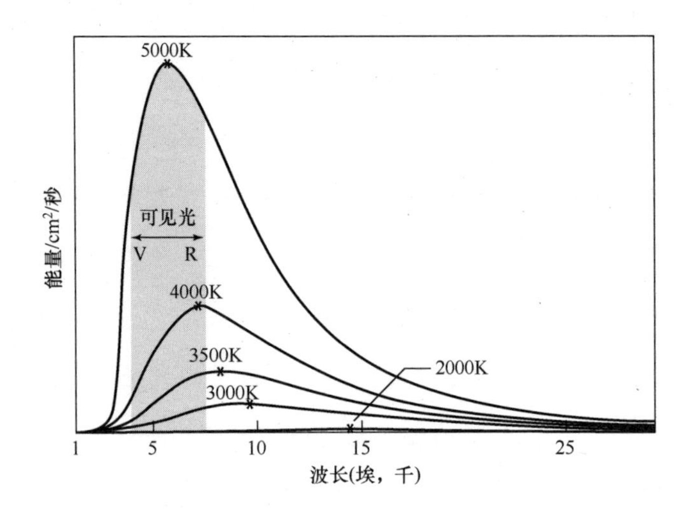

图 7.2　不同温度的黑体。黑体以各种波长的光的形式释放能量，自左侧的伽马射线和 X 光一直到右侧的射电波段。在给定的温度下，黑体在某个波长下可以释放出更多的能量。黑体所能释放最多的能量的波长仅由其温度决定。这个图给出了黑体分别在 5000K（接近于太阳的温度，释放的大多是可见光）、4000K、3500K、3000K 以及 2000K（释放的光大多是红外线）时的黑体辐射曲线。

后使用紫色滤光器（即只测量紫光）、蓝色滤光器、绿色、黄色、橙色以及最终的红色滤光器，测量出一个恒星在不同波段发出的光线的数量。在可见光以外，天文学家也能够利用 X 光、紫外线、红外线、射电的滤光器继续观测恒星。最后可以得到恒星覆盖整个波段的电磁波谱。通过与已知温度的黑体谱的比较，天文学家能够确定该恒星的温度。事实上，因为恒星像黑体一样释放光线，因此天文学家只需要确定恒星释放的最多的光线的波长，就能得出恒星的温度。

维恩定律对天文学家来说是十分重要的工具；它并不仅是一个天体温度计。维恩定律解释了恒星为何会有不同的颜色——黄色代表恒星的温度与太阳接近（大概 6000 度），红色代表温度较低的恒星（几千度），蓝色代表温度较高的恒星（大概 20000 度）。

原子的内部：光与物质互相作用

当光与物质相遇，会有三种情况发生：光被物质反射、吸收或是通过物质进行传递。为了解释这三种情况会在何种条件下发生，我们首先应当学习原子的结构。

原子由三个基本的部分组成：质子、中子和电子。质子和中子被限制在原子核中，电子则环绕着原子核。电子依照量子力学获得或失去能量，这些粒子以及其他亚原子粒子都遵从量子力学的规律。电子可以通过吸收光子获得能量，也可以通过释放光子失去能量。若一个电子是自由的——即没有被禁锢在原子核周围的轨道——它能够吸收或释放任何能量的光子；然而，若电子在原子内部，它只能吸收（或释放）具有特定能量的光子。该特定能量为电子跃迁至另一个能级所需的能量，或者吸收能量足够高的光子，成为自由电子。若一个电子从高能量轨道跃迁到低能量轨道，它将释放出一个光子，该光子能量恰好为两轨道的能量之差。由于这个光子具有特定的波长（或频率），因此该电子释放的光子会有与其波长相对应的颜色。

在量子力学中，电子被认为是波，而不是处于固定位置的质点，量子力学规定了电子可能具备的能级。每个能级被称为轨道，是指原子核四周的可能发现电子的一个圆形区域。比起一圈一圈的圆形轨道，它更像是围绕着原子核的泡泡状轨道。能量轨道的体积、形状和与原子核间的距离是由原子核内质子和中子的数量决定的。比如说，宇宙中所有的^{12}C都是相同的，有六个质子和六个中子，其相应的量子力学规律也是相同的。这些规则决定了^{12}C中的能量轨道与其他原子的不同，即便是和其他的碳的同位素相比也是不相同的；如果碳原子的温度发生改变，其能量轨道也会随之变化。在任何温度下，六个电子中的每个电子都必须具有将其放置在轨道中某个位置的能量，该轨道在距原子核特定距离处占据不同的空间量，并且这些轨道由明确定义的能级差分隔开。在^{12}C 原子中可以找到六个电子的位置。而在^{13}C 原子中，量子力学规则会使六个电子的轨道位置与在相同温度下^{12}C 原子中的六个电子的轨道有所不同。因此，在^{13}C 原子中从一个轨道移动到下一个轨道所需的能量与^{12}C 原子中的能级间隔非常不同。由于每个能量差对应于唯一的光波长，因此每个元素的每个同位素都只能吸收或发射特定颜色的光，这些颜色对应于与该同位素物种中电子能级之间的差异相关的能量。^{12}C 允许的颜色就像一组指纹，这种光谱指纹特征将^{12}C 与^{13}C 或^{238}U 或任何其他元素区分开。氧原子有其特定的颜色（即光谱指纹），铁原子也有自己的专属颜色，每个原子、每个原子的同位素乃至每个分子都有其量子力学所决定的光谱指纹记号。

若将充满钠原子气体的管子（或灯泡）加热或通电，钠原子的电子会吸收能量，促使其移动到更高的能级。这些高能量轨道是不稳定的，因此电子会释放光子，再次回到低能级，从而使气体冷却。当钠气体释放光子时，我们说气体在发光；这种发光气体只能发射为数不多的特定且分离的波长的光线。我们把这种光谱称为发射谱。

当冷却的钠气体置于我们和一个遥远的有连续光谱的光源之间，该连续光谱（比如一个恒星）的光子为了到达我们的视线，必须穿过钠气体。由于光子携带能量，来自于连续光谱的光子将成为钠气体的热源。但是钠气体只能吸收几个特定能级差下对应的波长的光，因此进入钠气体之前的光和出来的光是不同的。所有波长的光都能够进入，而出来的光并不包括能够被钠气体吸收的光。结果就是缺失了几种颜色的连续光谱，被称为吸收谱。

这种被某种位于望远镜和光源间的低温物质吸收几种颜色的现象，正是夫琅和费在观测太阳、天狼星和其他亮星时所看到的。恒星可以发出连续光，其释放光线最多的层被称作光球层。我们和太阳之间的气体是由太阳大气的外层组成，这里的气体比太阳光球层的气体温度稍低，而且更加稀薄。太阳光球层的光线必须穿过太阳的最外层才能离开；在此过程中，一些光线被最外层的元素吸收。因此得到缺失了一些波长的离散光谱；这些缺失的地方正是夫琅和费（和沃拉斯顿）所观测到的暗线。天狼星和其他恒星最外层大气的元素特征同太阳的稍有不同。但组成恒星大气的化学成分不同仅仅是该差异形成的一小部分原因，最重要的原因是天狼星和其他恒星外层大气的温度与太阳的不同。光谱特征差异的最重要原因就是他们的大气温度不同。大气温度决定了气体所能吸收的光子能量（表现为谱线）。由于每个恒星的暗线是元素和外层气体温度共同作用的结果，因此天狼星和其他亮星光谱所显示的暗线与太阳不同。

斯特藩—玻尔兹曼定律

经验告诉我们，相同温度不同体积的两个物体中，体积较大的释放出的能量更多。比如说，若要在微波炉中煮沸一壶水，假设两个微波炉设置的温度相同，在大微波炉中加热会比较快。然而经验也教会我们，当小的微波炉温控为高档时，和大微波炉的温度在低档时的加热速度相同。

这两条常识被物理学家们整理为斯特藩—玻尔兹曼定律：物体每秒钟释放的能量（物体的光度）是由其表面积和温度两者共同决定的。当物体体积变大，其表面积增大，光度就会增加（面积增加两倍，光度也变为原来的两倍）；然而当温度增加时，光度会急速增大（温度增加两倍，光度增大16倍）。

斯特藩—玻尔兹曼定律、维恩定律和平方反比定律成为天文学家研究光的得力工具。他们依据维恩定律确定恒星温度，通过平方反比定律推断天体光度（需要知道恒星的视星等和距离），就能计算出恒星体的表面面积（或者恒星的半径）。天文学家使用这么少的工具就能得到恒星的关键数据，这是令人印象深刻的伟大成就。

如今我们回到19世纪的天文学工作，了解天文学家是如何逐渐理解了基本的恒星天体物理学。这种理解能给我们提供测量宇宙中更加遥远的天体距离的工具。之后我们就能解决19世纪漩涡星云的伟大奥秘。最终我们将根据这些星云告诉我们的方法，更加靠近问题的答案：宇宙多大了?

第8章

巨星和矮星

仅从光谱就能推测出矮星的真实亮度。

——亨利·诺利斯·罗素（Henry Norris Russell），《“巨星”和“矮星”》，1913年6月13日在英国天文协会的演讲，1913年由《天文台》杂志出版

自19世纪20年代到50年代，天文学家、物理学家、化学家、玻璃制造商甚至是摄影师的目光都转向了光谱。他们研究各种物体的光谱：天体、化学物品、实验室的蒸汽，以及地球的大气。通过他们的测量和实验，到19世纪末，得出了一套恒星分类的有效方法。20世纪初期，天文学家更上一层楼，利用光谱分类以及恒星的其他测量数据，揭示了恒星的种类和生命周期，对宇宙本质和年龄做了进一步测量。

其中最早最为基础的观测是由夫琅和费完成的，他发现月球的光谱与太阳光谱显示出的暗线相同。他也在金星和火星的光谱中发现了这些暗线中最深的几条。夫琅和费没有对这些在光谱中的暗线以及其他恒星光谱中不同的暗线做出解释，但是马上就有其他人对这一发现给出了解释。

19 世纪 20 年代，威廉·赫歇尔的儿子约翰·赫歇尔发现，加热金属盐并不会发出连续谱，而是发出离散且明亮的谱线，这种谱线能够用来区分被加热的物质。与他同时代的威廉·亨利·福克斯·塔尔博特也发现某种已知物质在加热时会发出特有的谱线。不久之后的 1833 年，以发明万花筒而闻名的苏格兰人布鲁斯特发现太阳光谱中的一些暗线和暗带是由于地球大气的吸收产生的。他指出，在太阳接近地平线时，随着太阳光在地球大气内穿行距离的增加，一些暗线会发生变化，会变得更宽颜色更深；然而有些暗线却保持不变，这一定是太阳本身的原因造成的。

1849 年，法国物理学家让·伯纳德·莱昂·傅科（Jean Bernard Leon Foucault）以其傅科摆的发明和 1845 年拍摄的第一张太阳照片而闻名，他发现他可以使阳光穿过钠蒸气使太阳光谱中的某些暗线变得更暗。夫琅和费把这些特别的暗线称为“ D 线”，因为这些暗线与他实验中钠灯发出的亮线位置相同。傅科总结说，被加热的钠气释放光线，形成这些明亮的谱线；而冷却的钠气将会吸收相同波长的光线，产生暗线。19 世纪中期，天文学家和物理学家已经能够解释亮线和暗线这个现象了。

物理学家基尔霍夫和化学家罗伯特·本生于 19 世纪 50 年代，共同在海德堡工作时提出了物质提纯的改进方法。利用提纯后的物质，他们证明了塔尔博特发现的“每种元素都能产生其特有的光谱”，而且证明了傅科发现的“一种元素能够吸收光线，也可以释放相同波长的光线”。当物体是热且稀薄的气态时，释放出离散的发射线；当物体以冷却的蒸汽形式存在于光源和观测者之间时，则呈现出离散的吸收线；而当物体温度较高且密度较大时，会发出连续谱（也就是基尔霍夫所说的黑体谱）。理解了这些知识，基尔霍夫和本生就能够分辨出太阳光谱中的特殊元素。就这样，他们开创了恒星光谱学的新纪元，并在接下来的半个世纪的天文学研究中处于首要地位。

转变：从命名恒星到给恒星分类

人们给天空中的最为明亮的一些恒星做出了命名——北极星、天狼星、心宿二、参宿七。能指出这些恒星并叫出它们的名字让我们有一种亲切感，但并不能提升我们的天文知识。

第一个尝试根据恒星的本质进行分类的是德国天文学家约翰·拜耳。拜耳在他的《测天图》一书（1603 年）中提出一种将拉丁星座名字与小写希腊字母相结合的命名方法："大犬座 α"（也就是天狼星）为大犬座中最亮的恒星，"猎户座 β"是猎户座中第二亮的恒星。用这种方式，拜耳命名了 48 个星座中的 1300 多颗恒星。然而遗憾的是，他的命名规则与恒星的天体物理学几乎没有关联，也只不过是一种新的命名方法。星座中的恒星有微弱的距离较近的恒星，也有明亮的距离较远的恒星，这些恒星鲜有物理联系；此外，最亮的恒星有可能只是因为距离较近，而实际上比较昏暗，而看起来暗弱的恒星也可能是因为距离较远，实际上本身十分明亮。拜耳的方法与之前相比，命名了更多的恒星，却并没能够更好地认识恒星本身。

一个世纪之后，英国天文学家约翰·弗兰斯蒂德发明了一种和拜耳相似的命名方法，拉丁星座名和罗马数字相结合，从星座中最西端的星星开始。天狼星被命名为大犬座 9，参宿七被命名为猎户座 19。同拜耳的方法一样，这种命名体系虽然很好地体现了恒星的相对视亮度及其在天空中的位置，却没能认识到恒星本身的性质。那么天琴座 3 是其星座中最亮的恒星，到底是因为它更靠近太阳还是它的内禀光度就比较明亮呢？

基尔霍夫和本生从工作中发现的对光谱线的理解，为恒星的命名和分类提供了改进方法；不再依靠其位置或视亮度，而是根据其颜色和光谱这些恒星的本质特征来进行命名和分类。1863 至 1868 年，在 19 世纪 50 年代重建了罗马天文台的耶稣会牧师安吉洛·西奇测量了四千多颗恒星的光谱，并将它们分成了四大类。其中大概一半的恒星都是白色或蓝色的（例如天狼星和织女星），它们的光谱主要有四条氢原子吸收线。他将这些恒星称为一型星。二型星是黄色的（例如五车二和毕宿五），有着与太阳类似的光谱。橘红色的三型星（例如参宿四和心宿二）没有氢线，暗红色的四型星（例如天鹅座 R）有碳氢化合物的暗带。

西奇对恒星的四种分类并没有依据其位置，而是利用了恒星的内在本质。这在对天体的研究上迈出了重要的一步。当然，需要探索的还有很多。19 世纪末期的天文学家认为这四种类型与恒星的年龄有关。他们推测，恒星刚刚形成的时候是巨大、高温的蓝色天体（也就是一型星），随着时间消逝冷却变为黄色的二型星，再变为橘红色的三型星，最终在用尽内部供应的热量后，成为红色的四型星。终于，天文学家找到了依据恒星内禀性质进行分类的方法。单单从光谱的角度来说，若天文学家认定某颗恒星为四型星，那么所有人都可以推测出该星的年龄很古老。不幸的是，这四种光谱类型是完全错误的。四型星并不一定年龄最大，二型星的年龄也并非处于中间。不久之后，其他天文学家就开始对西奇的研究进行改进。

光谱摄影

亨利·德雷珀，物理学家，纽约大学医学院院长，同时也是一位业余天文学家，他曾在 1880 年首次为猎户座星云拍摄了照片。八年前，他就已经拍下了第一颗恒星织女星的光谱，直到 1882 年他去世的那年，他已经拍摄了五十颗恒星的光谱。1886 年，他的妻子捐赠了他用过的仪器，并在哈佛大学天文台设立了亨利·德雷珀基金，用来支持她丈夫建立的研究的后续工作。

哈佛大学天文台台长爱德华·皮克林在他在任的 1879 年到 1919 年继续发展了德雷珀的研究。利用一架可以在天空很大一片天区成像的望远镜，一个可以将每一颗恒星的光线转化为一条条小小的光谱图像的棱镜和具有强大的捕捉这些恒星微弱光谱能力的底片，皮克林和他的团队于 1890 年共获得了一万多颗恒星的光谱数据，它们就是《德雷珀恒星光谱星表》的基础。

为了在底片上分析成千上万的光谱数据，皮克林雇用了一些女性（薪资仅为男性的一小部分）充当他的计算机，在电脑还没问世的年代完成了大量恒星光谱的计算工作。其中第一个就是威廉敏娜·弗莱明。她最初是皮克林家的管家，1881 年转为哈佛天文台的职员，并很快被分配了研究恒星光谱的任务，研究的是德雷珀家族的第一批遗赠。

弗莱明发展了一套体系，根据光谱中能观察到的氢的数量用一个字母给每个恒星编号。她据此为 1890 年包含 10351 颗恒星的《德雷珀星表》中的大部分恒星进行了分类。尽管皮克林深知该工作的重要部分，如光谱测量和分类，出版的前期准备等工作都是由弗莱明完成的，但是他还是独占了文献的出版权。弗莱明的体系包括了全部十七种光谱类型，从含有最多氢的A型星，第二多的B型星，一直到基本没有氢的O型星。她的分类中的P型星和Q型星收录了不符合A型到Q型星的恒星。弗莱明的光谱类型很快被大家熟知，被称作“哈佛光谱分类”，经过一些重要的修改被人们沿用至今。

当时的天文学家认为弗莱明的分类学是恒星天体物理学取得进展的非常有力的工具。并将此分类与“恒星在刚形成时温度较高，随时间推移不断冷却”这一理论结合在一起，天文学家推测A型星是温度最高年龄最小的，而O型星是温度最低年龄最大的。该理论只有一部分是正确的，即光谱类型与温度有关。但也只有这一点是正确的。A型星并不一定是年轻的，并且它们也不是最热的恒星。事实上，O型星才是最年轻，最热的。

在弗莱明取得的成就的影响下，皮克林雇用了其他女性并交由弗莱明领导。亨利·德雷珀的侄女莫里，1887年毕业于瓦萨学院，在玛丽亚·米切尔的指导下学习天文学，她被委派对其他几百颗光谱质量很高的恒星进行分类。在其1897年发表的文章中，她对光谱顺序重新进行了调整，从O型星开始，然后是B型星，A型星，再接着就是按照字母排序。新的顺序为OBACDE……，该顺序仍被认为是年龄和温度的顺序（其实并不准确）；但它已经更接近于正确的温度顺序。莫里还额外增加了四个子分类：a、b、c和ac。值得一提的是，a和b有比较宽的氢线（也就是光谱中有很宽的暗线），c和ac的氢线比较窄。

安妮·坎农于1896年加入弗莱明的团队，她对全部的225000颗恒星进行了最终的分类，《亨利·德雷珀星表》经历了七年

（1918—1924）的编纂后出版，该星表共有九卷。但早在 1901 年，在坎农第一次对 1000 颗恒星进行分类的过程中，她就认为弗莱明和莫里的分类是不准确的。她对目录重新排序，并删减掉部分重复内容，形成了 OBAFGKM 这样的分类系统。在皮克林的敦促下，她摒弃了莫里的子类型分类法，除了 P（行星状星云）和 Q（奇异）恒星，她对其他所有光谱类型的恒星进行了分类。在她修改后的光谱序列中，坎农还识别出部分渐变（O2，O5，O8，B0，B2，B5 等），精确到光谱等级的大约四分之一。

得益于安妮 · 坎农的工作，20 世纪初期，天文学家整理出一套光谱类型，精确地将恒星按照温度以及年龄（当时他们这么认为）排序。温度从最热到最冷的顺序是正确的，但年龄顺序是错误的。但该光谱排序仍是现代天文学中的一大重要进展。当天文学家判断某颗恒星属于 O 型星，就能立刻得知该恒星属于温度最高的一类恒星。

仍然缺少的是用于对恒星进行分类的另一方面的信息。在 1905 年，伟大的丹麦天文学家赫茨普龙在使用了部分莫里的子类型的情况下提出了恒星分类的第二个方面，1910 年美国天文学巨头亨利 · 诺利斯 · 罗素也独立地提出了相同的工作。

巨星和矮星

一些恒星会相对其他恒星运动，也就是相对大多数位置不动的恒星，它的位置发生了变化。天文学家将这种运动称为恒星的自行运动。与视差不同的是，恒星的自行运动在空中是在一个方向上的稳定运动。为什么会发生这种情况呢？有两个原因：第一，所有的恒星都在太空中运动，但有些运动的速度比较快，就好像有的司机开车比较快一些；第二，一些恒星看起来移动速度比较快仅仅是因为其与观测者间的距离比较近。第二种原因更普遍一些：在大多数情况下，自行运动速度较高的恒星都距离比较近。因此从统计上来说，天文学家可以用自行运动来代替视差。这就是赫茨普龙工作的突破口。

他将相同颜色的恒星［尤其是黄色（G），橘黄色（K）和红色（M）的恒星］分为两组，一组为近距离恒星，一组为远距离恒星。他发现遥远的恒星，即那些具有小视差或没有可测量的适当运动或两者都没有的恒星，内禀亮度都很高。相反，距离较近的恒星，也就是那些视差较大或自行运动较快的恒星，内在亮度都比较低。他还发现，黄色恒星的平均自行速度最高，因此总结说黄色恒星离太阳最近；看上去比较暗弱的红色恒星的平均自行速度也比较高，因此其距离太阳也比较近。在量尺的另一端是明亮的红色恒星，它们平均自行速度为零，使它们成为距离最远的恒星组。

最后的结果让人大吃一惊。看起来最明亮的恒星怎么可能是距离最远的呢？难道不应该是最近的恒星最明亮吗？在其他条件（例如内禀亮度、大小）都相同且没有任何其他因素影响其亮度的情况下，根据平方反比定律，距离较远的恒星应当看起来更加暗弱。因此，若亮红恒星比暗红恒星的距离要远，那么看似较亮的红色恒星的内禀亮度一定高得多。若恒星的颜色（或光谱中氢线的强度）表示其温度，那么两种红色恒星的温度相似。若恒星温度相同而亮度不同，则根据玻尔兹曼定律，内禀亮度更高的恒星的体积一定比亮度低的恒星大很多。

赫茨普龙（Hertzsprung）发现，有些恒星很大，而另一些则很小。他随后发现，哈佛光谱序列中的莫里（Maury）子类型，或者更确切地说是不同亚型中光谱线的宽度，使得有可能将本征发光的（窄线）恒星与本征模糊的（粗线）恒星区分开。光谱因此成为探索恒星天体物理学的有力工具：具有狭窄光谱线的红色恒星（莫里的 c 型星）是亮度高、温度低的巨星，光谱线较宽的红色恒星则是亮度低、温度也低的矮星。

1905 年，赫茨普龙发表了题为《恒星的辐射》的原创性论文。在 1906—1908 年间，他多次写信给皮克林，要求其重新使用莫里的子类型，因为这在区分恒星是巨星还是矮星上非常有用。但是他没能劝说成功。

1910 年，亨利·诺利斯·罗素完成了其始于 1902 年的测量 52 颗恒星的视差和距离的项目，最终测量数量达到预期目标的近两倍。有了这些数据，罗素能够立刻得知这些恒星的绝对星等，结合皮克林提供给他的光谱，罗素得到了和赫茨普龙同样的结论：同样光谱类型同等温度的恒星有大小之分；平均来说，红色恒星比其他颜色的恒星要暗弱一些。在给皮克林的私人信件中，罗素开始将这些恒星称为巨星和矮星，这些称呼被他归功于赫茨普龙，后来成为标准术语沿用至今。如图 8.1 所示。

1913 年 6 月 13 日在伦敦，罗素在对英国皇家天文学会的演讲《“巨星”和“矮星”》中描述了他的著名图表，图表中纵坐标为光谱，横坐标为绝对星等。该图表经过修改后，于 1914 年首次发表在《自然》杂志上。20 世纪 30 年代，该图表被称为赫罗图，在接下来的一个世纪以来，一直是现代天文学中最重要的图表。如图 8.2 所示。

罗素在他 1913 年的演讲中指出“并不存在暗弱的白色恒星”

1910AJ.....26..147R

Nos. 618-619　THE ASTRONOMICAL JOURNAL.　149

OBSERVED PARALLAXES.

No.	Star	R.A. 1900	Decl. 1900	Mag.	Sp.	P.M.	Parallax	p. e.	Pl.	Cmp Star.	Observed p. e.	Absolute Magnitude	Cross Vel'y Km/sec
		h m	° ′			″	″	″			″		
1	*β Cassiopeiae*	0 3.8	+58 36	2.42	F_5	0.56	+0.082	±0.019	5	9	±0.009	2.1	31
2	Groombr. 34	0 12.7	+43 27	7.73	*Ma*	2.80	+0.250	±0.016	6	9	±0.011	9.8	51
3	*26 Andromedae*	0 13.3	+43 15	6.04	*A*	0.03	−0.026	±0.042	6	9	±0.041	...	...
4	*η Cassiopeiae*	0 43.0	+57 17	3.64	F_8	1.24	+0.187	±0.019	7	8	±0.021	5.1	30
5	*ο Ceti*	2 14.3	− 3 26	var.	*Md*	0.24	+0.136	±0.035	7	9	±0.035	2.5 to 10.4	8
6	*ρ Persei*	2 58.8	+38 27	var.	*Mb*	0.17	+0.083	±0.040	7	9	±0.040	3.1 to 3.9	9
7	*β Persei*	3 1.7	+40 34	var.	B_8	0.01	+0.007	±0.027	7	8	±0.025	...	...
8	Lal. 6888 }	3 40.2	+41 9	8.35	*G*	1.38	−0.029	±0.033	6	6	±0.033	...	...
9	Lal. 6889 }			8.89			+0.020	±0.034			±0.035	...	...

图 8.1　罗素 1910 年论文中图表的前九行。第 8 列为恒星的视差，第 5 列为视星等，利用这两个数据他计算出了第 13 列的绝对星等。根据绝对星等的数据，罗素证明同一光谱类型的恒星有的亮度较低（第四颗恒星），有的亮度较高（第一颗恒星）。

（赫罗图的左下区域），他强调所有暗弱的恒星都是红色的（赫罗图的右下区域），所有的 A 型星和 B 型星，尤其是后者，都比太阳要亮好几倍（太阳是 G 型星），同时他强调“毫无疑问，也存在着许多明亮的红色恒星（例如大角星、毕宿五、心宿二等），即使我们在很远的地方也能观测到它们”。罗素说明了并不存在和太阳同等亮度的红色恒星（绝对星等为+5），红色恒星要么特别明亮要么就特别暗弱。在 1914 年《自然》杂志的论文中，罗素特别感谢赫茨普龙发现并提出了巨星和矮星这一术语：“是赫茨普龙发现了这两种类型的恒星，并赋予了它们如此美妙的名字”。更为惊讶的是，罗素提出单单依据恒星的光谱信息就能推测出矮星的真实亮度。罗素（Russell）在 1913 年对皇家天文学会的致辞是天文学史上一个划时代的时刻。如今我们已经能够仅仅依据恒星光谱来判断其绝对星等和距离了。

正如赫茨普龙所说，莫里的光谱子类型能够帮助区分巨星和矮星。对矮星来说，天文学家可以很容易地测出其视星等。为了确定

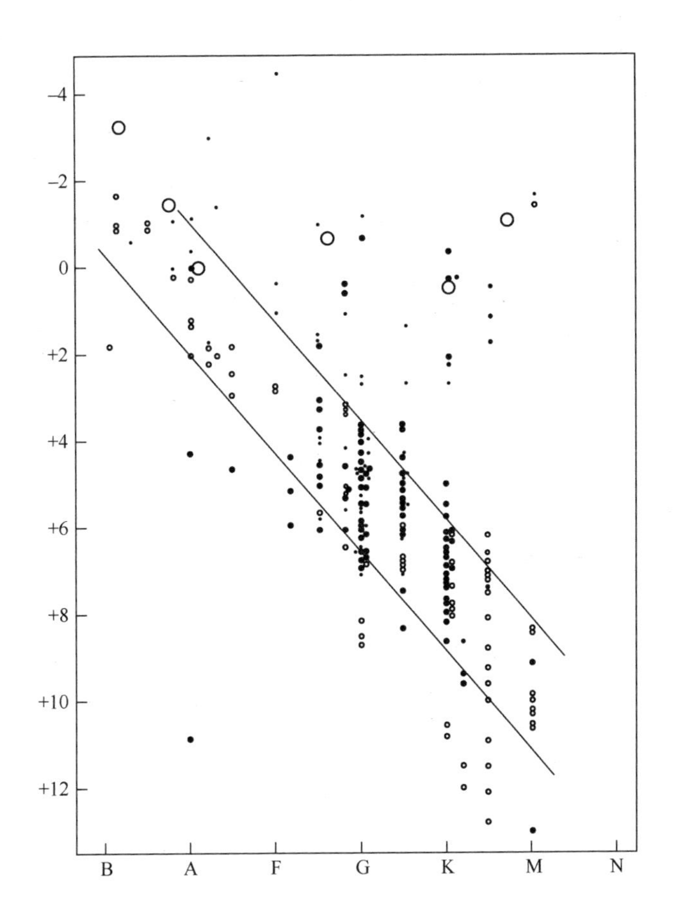

图 8.2 首张赫罗图，由亨利·诺利斯·罗素发表于 1914 年（《自然》杂志 93：252）。横轴表示光谱类型（代表温度），左侧的恒星温度最高，右侧恒星温度最低。纵轴表示绝对星等，上端为亮度较高的恒星，下端的亮度较低。黑点和圆圈代表每个恒星的测量数据；大圆圈表示一组恒星的平均测量数据（六个大圆圈包含了 120 颗恒星的数据）。图表左侧底部表明没有亮度较低的白色恒星，右下端表示红色恒星是最暗弱的。红色恒星中既有亮度高（右上方）的也有亮度低的。罗素指出尽管恒星有些分散，大多数恒星聚集在两条实线之间的区域，这就是世人熟知的主序星。

这些恒星的距离，天文学家需要测量视差角，这种测量进行起来非常困难并且耗时太长，容易出现很大的误差。亨利·诺利斯·罗素断言，我们不需要测量视差角。我们需要的是光谱。依靠光谱和视星等，我们能够确定恒星的距离。对罗素来说，矮星的光谱类型和其内禀亮度之间的联系是通过经验得出的。随着汉斯・贝特的具有里程碑意义的论文《恒星能量的来源》于 25 年后的 1939 年发表，人们开始对恒星的物理性质有所了解。二战之后，进行军事研究的物理学家以及懂得核聚变的专家将该知识应用到恒星研究中，使得恒星天体物理有了更加坚实的基础。然而，所有的现代天文学都建立在罗素关于“光谱类型和亮度相关”的推论之上。弄清这个推断为什么是正确的对我们来说至关重要。

第 9 章 读懂赫罗图

天狼星伴星的光谱同天狼星的光谱是完全一致的……这意味着天狼星伴星的颜色指数同主星并没有明显差异。

——沃尔特·亚当斯《天狼星伴星的光谱》，太平洋天文协会出版物（1915）

赫罗图是研究恒星、星系以及宇宙的方方面面的基础，因此我们很有必要把它单独列为一章以便理解它到底有多么重要。亨利·诺利斯·罗素的第一张图出版于 1914 年，纵轴是恒星的绝对星等，横轴为恒星的光谱类型。一个世纪之后，天文学家关于亮度与温度的图表也并没有发生太大的变化；只不过，他们发现了一些其他可以替代绝对星等（如与太阳相比而言的亮度）或是哈佛光谱分类（恒星的颜色）的观测数据（恒星颜色）⊖。

要想知道任意一颗恒星在赫罗图中的位置，天文学家需要先确定其温度和绝对亮度。恒星的光谱类型，是对恒星表面温度的直接测量，若可以收集到足够的光来获得其光谱，光谱类型就能很直接

⊖ 绝对星等对应光度，即绝对亮度。视星等对应亮度。——译者注

地获得。对一颗暗弱的恒星来说，天文学家可能需要更大的望远镜或是对恒星进行更长时间的曝光才能收集足够的光线，不过确定恒星横坐标的位置不需要其他的任何信息了。然而测量恒星的绝对亮度就比较困难了，因为不仅要获得其视星等，还要得到恒星的距离，而我们已经知道，恒星的距离测量是相当困难的；只有测出视星等和视差角，绝对星等才可以根据平方反比定律直接计算出来。

赫罗图最重要的特征是从右下方（微弱，低温，红色）到左上方（明亮，高温，蓝-白色）的一条恒星分布带。这被称为主序。在天文学家的术语中，尽管高温的蓝色恒星比低温的红色恒星大很多，但是所有主序星都是矮星。在右上方有一个亮度较高，低温的红色恒星区域，左下方是一个分散的亮度较低，高温的蓝白色恒星区域。

对比赫罗图的上下区域

为了更好地了理解赫罗图，我们对同一光谱类型的两颗恒星进行比较。测量两颗恒星的视星等和视差角，从而得到恒星的绝对星等或者说恒星的绝对亮度。就绝对亮度而言，B 星比太阳的亮度低，而 A 星比太阳亮度高。因此 A 星比 B 星亮度高很多。我们不知道两颗恒星的温度，但我们知道这两颗恒星的光谱类型是相同的，因此其温度相同，若它们体积相同，则其释放的光线数量也会相同。那么 A 星比 B 星明亮唯一的原因就是因为 A 星的发光面积比 B 星要大。A 星是巨星，B 星是矮星。若两颗恒星都是红色的 M 型星，那么我们把 A 星称为红巨星，B 星为红矮星。如图 9.1 所示。

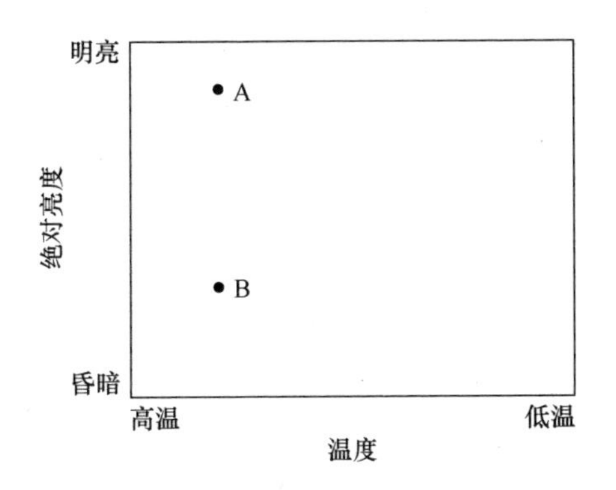

图9.1　A星与B星在赫罗图上的对比。两颗恒星有相同的温度，但A星比B星更明亮。因此，A星比B星更大（有更大的发光表面积）。

对比赫罗图的左右区域

现在，我们对具有相同绝对星等但光谱类型不同的两颗恒星进行比较。A星的光谱类型为B0，C星的光谱类型为M0。根据1913年对光谱与温度对等的理解，科学家已将不同温度和光谱类型一一对应起来。因此我们知道A星的表面温度较高（30000K），而C星温度较低（4000K）；因此A星在每平方米的表面比C星释放更多的能量。由于两星具有相同的绝对星等，所以它们释放光线的总数相同；然而，由于A星温度较高，A星单位面积释放的光线较多。因此我们推断A星的表面积一定小于C星。换句话说，在比较两颗内禀亮度相同的恒星时，红色恒星比蓝色恒星的体积要大。若两颗恒星的亮度都在赫罗图的顶部，那么A星就是蓝色巨星，

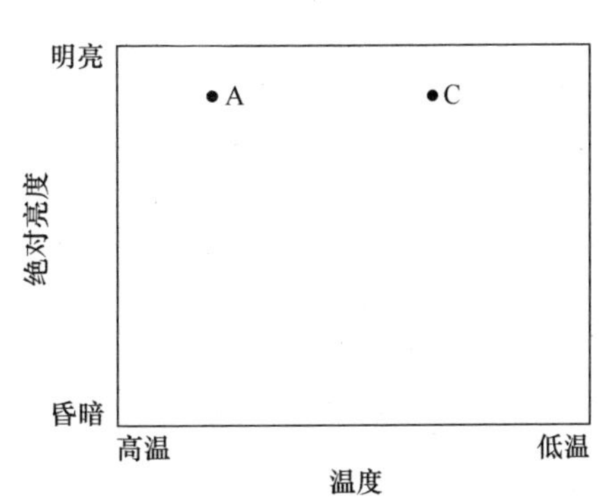

图9.2　赫罗图上两个恒星A和C的比较。恒星A和恒星C的总发光量相同，但是恒星A的温度比恒星C高得多，因此，其每平方米表面的发光量都大于恒星C。因此，恒星C必须更大（表面积更大），以补偿发光效果较差的情况。

而C星是红色巨星。如图9.2所示。

恒星能有多小?

克拉克（Alvan Graham Clark）是一位天文学家和望远镜制造商。他父亲和他儿子也都制造望远镜。他创立了著名的克拉克望远镜制造公司（Alvan Clark & Sons），这也是他们的家族生意。最著名的望远镜都使用了透镜（现代望远镜采用反射镜）收集并聚焦光线。其中36英寸（透镜的直径）的利克天文台折射望远镜于1887年建成，40英寸的叶凯士天文台折射望远镜于1897年建成。它们建成时都是当时最大的望远镜。1862年，克拉克基于对天狼星不规则运动的观测，发现了贝塞尔曾在20年前预测到的天狼星的伴星，现称其为天狼星B，天狼星与它的伴星是一个双星系统。它们相对于地球和太阳的距离几乎相等（2.64秒差距）；因此，它们表面亮度的差异就是其内禀亮度的差异。而且，这种差异一定是由于它们温度或者大小的不同产生的。如图9.3所示。

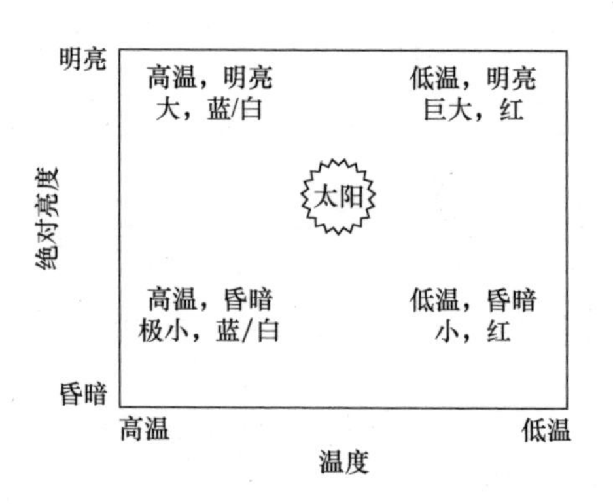

图9.3　赫罗图中四个角位置的恒星的性质与太阳相比较。

在可见光范围内，天狼星比太阳亮23倍。二者的温度分别为

9900K 和 5780K。据此，依照斯特藩-玻尔兹曼定律，我们能直接得出天狼星的直径为 2300000 千米，比太阳的直径大了 60%。有了天狼星的体积，我们就能利用天狼星和天狼星 B 的亮度和温度确定天狼星 B 的绝对大小。

算上所有波长下释放的光，我们得知天狼星的亮度是天狼星 B 的 780 倍。1915 年，沃尔特 · 亚当斯确定天狼星和天狼星 B 的温度几乎相等；这个结果直接得出天狼星 B 的大小和地球相似，或比地球还要小。最准确的现代测量结果显示天狼星 B 的表面温度是天狼星的二倍，是大概 25000K。据此，再加上斯特藩-玻尔兹曼定律和已知的天狼星的实际大小，就能计算天狼星 B 的大小。答案是：天狼星 B 的直径为 12800km，与地球体积几乎相同（赤道 12756km）。而它的温度是太阳的四倍，但亮度比太阳低 34 倍。这些特征是我们现在所说的白矮星的典型特征。

“与地球体积相仿甚至更小的恒星，其温度却比太阳还高”这种引人注目的结论直接来自于对光谱型（它们由恒星的表面温度直接决定）的了解，以及恒星的光谱类型决定其绝对光度的推断。

红巨星、蓝巨星、红矮星、白矮星：证明这些恒星存在的直接证据都来自于赫罗图、斯特藩-玻尔兹曼定律以及天文学家所做的数据测量。1914 年，天文学家能够“读懂”赫罗图，得出了恒星的体积。但他们对于为何体积、温度、亮度不同的恒星会在图表的各自位置存在还不是很清楚。

第 10 章 质量

因此，根据统计平均值看来，恒星的质量取决于其绝对星等，而不取决于其光谱类型。较亮的恒星质量更大。

——亨利·诺利斯·罗素（Henry Norris Russell），节选自《论恒星的质量》，《大众天文学》（1917）

为何有些恒星温度较高？为何温度越高的恒星其亮度越高？在 20 世纪初期，很多科学家回答说恒星生来如此。根据这种解释，所有的恒星在形成之时都处于赫罗图的左上方。随着时间推移，它们逐渐消耗能量，不断冷却，因此移动到赫罗图的右下方。尽管这种解释听起来很有道理，但是它并不能解释为何红矮星（随年龄的增加移动到赫罗图右下方的恒星）和红巨星（随年龄的增加移动到赫罗图右上方的恒星）会同时存在。

20 世纪前几十年的测量结果给出了更好的答案，最早由亨利·诺利斯·罗素于 1914 年提出。简单说，恒星的温度和亮度都由质量决定，因此也确定了恒星在赫罗图中的位置：质量较大的恒星温度更高，亮度更大。但是在罗素得到该结论之前，天文学家需要找到测量恒星质量的工具。

红移和蓝移

1842年，澳大利亚数学家、物理学家多普勒出版了一部专题著作，在其中预测声波的频率（或者波长）会受到声源运动的影响。不久后，1848年，法国物理学家路易斯·斐索预测光与声波类似，即光的波长（或颜色）会受到恒星靠近或远离地球运动的影响。光源或声源运动所导致的波长的改变被称为多普勒频移。

下面举一个多普勒频移的例子：若恒星和地球二者间的距离增大（可以想象是恒星向远离地球的方向运动或是地球远离恒星），那么地球上的观测者所观测到的光线的波长会比恒星发出的波长更长。以恒星发出的黄色光为例，光线在地球上观测起来其波长会更长（更红）。因此，当地球与恒星间距离增大时，我们把光线波长的改变称为红移。反之，若恒星和地球的距离减小，则地球上观测到的波长会比真实的要短。这种情况下，恒星发出的黄光会偏向于蓝色，产生蓝移。蓝移和红移可以用来指代任何由于光源与观察者的距离变化而产生的波长变化，无论是X光还是可见光或是无线电波。如图10.1所示。

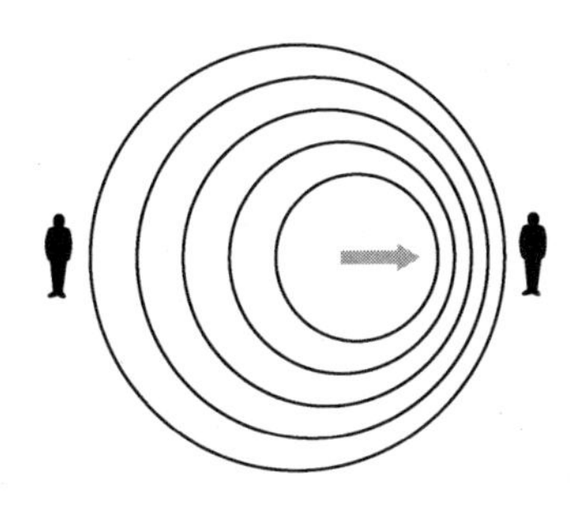

图10.1 多普勒频移的图示，其中光源向右侧移动。

红移或蓝移发生的大多数情况，是由于光源与观测者之间的距离的变化（天文学家把天体远离或靠近地球，或者说地球和天体之间距离随时间的增加或减少称作天体的径向速度）。在这些情况下，我们把蓝移或红移称作多普勒频移。之后我们将看到，若空间本身在膨胀，光源与观测者之间的距离也会增加，产生我们所说的宇宙学红移，而非多普勒频移。第三种导致红移的原因是引力，当光线产生于质量非常大的天体时，该天体的引力使释放出的光子的能量耗尽。由于光子的速度无法改变，所以光子所失去的能量就体现为红移，称作引力红移。

实际上，天文学家寻找的并不是变为红光或蓝光的黄色光线，他们所寻找的是天体光谱中特定的发射线和吸收线，例如在实验室测量到的典型恒星温度下氢气产生的发射线。实验室环境下的实验提供了氢气处于静止状态（不向地球靠近或远离地球移动）时氢原子正常发射光的波长（其“静止”波长）的精确测量值。从恒星的光谱中，天文学家能够认证出氢线，测量被探测到的波长并将其与静止波长做比较。被测波长与静止波长的差距越大，天体的径向速度越大。由于天文学家观测的谱线与特定温度和密度的元素和分子一一对应，其静止波长已在实验室中测量过，可以与望远镜得到的数据比较。

红移和蓝移对测量天体速度非常重要。这是因为频移的程度与天体的其他性质都无关，只与径向速度有关。因为径向速度可以直接从光谱中得到，这种测量也不需要知道天体的距离或是绝对星等，只要我们能接收到某天体的光谱，就可以测量出其径向速度。即便是非常暗弱的天体，或是距离太过遥远视亮度很低的恒星，只要我们能制造出足够大的望远镜，或是增加曝光时间，我们就能测量出其径向速度。

用径向速度测量法测量恒星质量

地球以大概30km/s的速度绕太阳运动。若我们从远处观测地球—太阳系统，比如从银河系的另一颗恒星上观测，且这颗恒星位于黄道面（地球绕太阳转动的平面）这一有利地势，我们会发现地球正以30km/s的速度远离我们（地球发射的光线发生红移）。几天后，我们会发现地球远离的速度在降低。三个月后，该速度降为0，此时地球开始朝向我们运动，这时地球的速度变为负值（地球发出的光线发生蓝移），在三个月后达到最大值30km/s。在接下来的三个月内，地球的速度再次回到0，随后会循环变化。若我们年复一年地记录地球—太阳体系的光谱，我们会发现这种循环（红移到蓝移再到红移）的周期为365.25天。

在这个例子中，由远处观测者记录的地球径向速度会由正值变为0，变到负值再变为0。然而，地球速度不会改变；它只会改变与观测者间的相对方向。若我们从太阳的北极点观测地球—太阳体系，我们会发现地球绕着太阳运动；但地球的径向速度一直为0，因为地球与我们的距离不发生变化。

我们要重新看一下开普勒第三定律（见第5章），它明确地说明轨道周期的平方等于半长轴的立方。开普勒第三定律描述了行星是如何在引力的作用下绕恒星运动的。开普勒发现该定律后的七十多年，牛顿证明该定律可以直接从其引力定律中推导出来。引力定律包含两个天体的质量（实际上是两个天体的质量之和）和一个常数，即牛顿的万有引力常数。（因为牛顿版本的开普勒第三定律包含了相互绕转的两个天体的质量，因此对任何两个相互绕转的天体都是适用的；而开普勒的定律仅仅适用于绕太阳运动的天体。）

牛顿版本的开普勒第三定律使得我们只要知道了双星的轨道大小和轨道周期，就能利用相关参数计算出另外的未知量：两个恒星的质量总和。这是物理的奇妙之处。仅仅是测量出恒星的绕转周期，该双星系统与我们的距离以及两星的角距离（如果知道距离就可以知道两星之间的物理距离），就可以测量出两颗恒星的总质量。遗憾的是，该测量方法并不能得出任意一颗恒星的质量，只能得到质量总和。在极其特殊的情况下，我们可以计算出各自的质量。这种特殊情况是食双星，我们可以测量其径向速度。

自威廉·赫歇尔开始，天文学家在 19 世纪不断地探索并对双星系统分类。为了计算恒星的质量，而不是仅仅记录双星系统。天文学家需要知道双星与我们的距离（有了距离就可以将角距离转化为真实的物理距离）以及轨道的额外信息，尤其是轨道方向以及恒星的径向速度。到 20 世纪初期，天文学家对几个这样的系统有了一定的了解。

天体质量、赫罗图和质光关系

1910 年，20 世纪初期最伟大的双星专家、美国天文学家罗伯特·格兰特·艾特肯，列出了天文学家已知质量总和的双星系统。他的列表仅包括 9 个双星系统，共涉及 18 颗恒星。在他的列表中，质量最大的恒星是 4. 04 个太阳质量，而最小的仅为 0. 22 个太阳质量。几年后，由于哈罗·沙普利在罗素的指导下所做的博士论文项目，人们对双星系统质量的了解急剧增加，其后续工作由沙普利在

1913年和1914年发表。多亏了二人的贡献，天体质量的计算变得比较准确。比如，对武仙座中的木武仙双星来说，沙普利确定其质量为7.66个太阳质量和2.93个太阳质量。2004年，这些数据被精确到7.85个太阳质量和2.85个太阳质量。

罗素于1917年编纂了自己的天体质量测量列表。他的列表包含113个双星系统，足以让他得出以下结论：亮度最高的B型星的平均质量为17个太阳质量；亮度较低的B型星和A型星的平均质量为5个太阳质量；F型矮星的平均质量为3.5个太阳质量；K型矮星和M型矮星的平均质量不足一个太阳质量。他写道："这表明，就统计平均数据来说，矮星的质量取决于其绝对星等……亮度越高的恒星质量越大。"在首个赫罗图出现后仅三年，罗素就破译了矮星的密码：恒星的质量决定了其亮度和表面温度。简单地说，矮星在赫罗图上的位置只由其质量这一个参量决定。这就是赫罗图成为20世纪天文学中最重要的工具的时刻。实际上，它也是天文学家测量宇宙年龄的基础。如表10.1所示。

表10.1 恒星质量：罗素解码

类型	平均质量（以太阳质量为准）
B（亮度最高）	17
A和B（亮度最低）	5
F	3.5
K和M	<1

然而，关于矮星的这一论断"质量决定其在赫罗图的位置"的准确性只有99%。组成恒星的元素的细微改变就可能会对其温度和亮度产生微小的影响。但在最基础的层面上，矮星的温度和亮度基本上是取决于质量的。到了1924年，亚瑟·爱丁顿根据已知恒星

数据发展出了主序星的质光关系。根据该理论，主序星的亮度等于恒星的质量的 3.5 次方。质量为太阳 2 倍的恒星的亮度并不是太阳亮度的 2 倍，而是太阳的 11 倍；质量为太阳 10 倍的恒星的亮度为太阳的 3000 倍。

理解赫罗图：只与质量有关

若主序星的质量决定了其表面温度（光谱型）和亮度，继而决定了其在赫罗图中的位置，那么我们只要知道了恒星的光谱类型就可以确定主序星在赫罗图的位置了。为什么呢？不管恒星的距离是 42 秒差距还是 42000 秒差距，每个质量一定的恒星都有相同的表面温度和光谱类型。每个这种光谱类型的恒星都有同样的亮度。因此，若能够确定恒星的光谱类型，确定它不是巨星而是矮星（莫里的光谱子类型，帮助赫茨普龙很快区别出巨星和矮星），那么就能确定恒星的亮度。

该研究的重要性是毫不夸张的。天文学家可以轻松地测量出恒星的视星等。然而，回想一下，为了测量恒星的绝对星等，我们必须通过测量视差确定其距离。视差的测量是异常困难的，并且耗时太长，在 1910 年天文学家只能测量距离太阳几十秒差距之内的恒星的视差。（到了 2010 年，视差的测量范围有所扩大，但也只有几百秒差距。）然而，光谱类型是很容易测量的。天文学家不需要了解恒星距离，只需要收集足够的光线来得到恒星的光谱。光谱可以直接给出其光谱类型。只要恒星是主序星，就可以通过光谱类型直接得出恒星亮度，即绝对星等。有了绝对星等和视星等，我们可以计算出恒星的距离。因为它对现代天文学如此重要，我们在这里重复一下它的结论：

通过测量光谱类型和视星等，可以计算出任何主序星（矮星）的距离。

该重要的天文工具基于一个基本的观点：

主序星（矮星）在赫罗图中的位置几乎完全取决于其质量。

不论恒星位于宇宙中的什么位置，它们都遵循同样的物理定律（例如引力、量子力学、强核力），恒星的行为几乎完全由其质量所控制。

但是，尽管这项发现对我们非常有益，对于任何一颗恒星，我们仍然需要回答一个重要的问题。我们如何才能知道一个红色恒星位于主序带（矮星）上而不是位于赫罗图上方（红巨星），如何得知炙热的白色恒星位于主序带上（矮星）而不是位于主序带下方（白矮星）呢？答案就是：星团。

第 11 章 星团

星系不过是聚集成团的不计其数的恒星。

——伽利略《恒星先驱》(1610)

瞭望夜空我们会发现，恒星并不是均匀地分布在空中。大概三千年前，荷马在他的《伊利亚特》以及赫西奥德在《工作与时日》中已经提到了星团：昴星团和毕星团。任何细心的观测者在使用即便是最小的望远镜，都能像伽利略一样发现一些肉眼看起来是星星的天体，这些实际是星团。伽利略辨别出猎户座大星云至少有 21 颗恒星，鬼宿星团有 40 多颗恒星。他也指出当时天文学家所说的星云状天体都是距离很近的恒星组成的集合。

17 世纪的天文学家对星云并不感兴趣，他们一门心思研究日蚀、月亮以及土星的光环、木星表面的大红斑、绘制月球表面地图、测量火星的视差和太阳系的体积。事实上，星云是很麻烦的东西。它们很容易和彗星弄混，17 世纪、18 世纪的天文学家对彗星倒是很有兴趣。然而，20 世纪早期，星团成为研究宇宙的关键。在星团的帮助下，天文学家能够探索恒星和星系的历史，得到宇宙的年龄。

星团的识别和分类

法国海军天文学家查尔斯·梅西耶，对彗星比星云更有兴趣。然而，彗星和星云都是星云状天体，因此梅西耶认为有必要把星云的位置编成表格，以免他和其他观测者将星云同他们感兴趣的彗星弄混。1774 年，他发表了《星云和星团表》。梅西耶列举了 45 个这样的天体在天空的位置。在 1781 年的版本中他将数量增加到 103 个，这些通过梅西耶星表序号的形式编号的天体为现代天文学所熟知。M31 是仙女座星系，M42 是猎户座星云。

一个世纪后，约翰·赫歇尔于 1864 年发表了《星云及星团总表》，其中包含 5000 多个星云；24 年后，约翰·德雷尔编纂了当时已知的 13000 多个星团和星云的位置。此时星团正蓄势待发，它将成为天文学界最为重要的天体之一。

1859 年，约翰·赫歇尔对两种类型的星团进行了区分：球状星团和不规则星团。球状星团是中心密集的球体，包含了数不清的恒星。球状星团的中心在 19 世纪的时候无法被分解为单个的恒星，但如今我们知道最大的球状星团包含多达一百万颗恒星。不规则星团包含恒星的数量相对较少，大概几十或几百颗恒星，而且形状不固定。它们后来被称为疏散星团。（1930 年，利克天文台的罗伯特·特朗普勒提出银河星团这个术语作为球状星团的补充术语，因为疏散星团总是在银河系中或附近。该术语在整个 20 世纪的大部分时间都被广泛使用，但现在在其他星系也发现了这样的星团，“疏散星团”再次成为首选名称。）

由引力聚集在一起

这些星团的本质是什么？1767年，约克郡的地理学家以及业余天文学家约翰·米歇尔牧师计算出，恒星之间的距离像昴星团一样那么近的概率只有1/496000。他认为，这种星团的存在是由于“最初创造者的作品或是一些自然定律（如引力）”。他的结论是正确的：是引力将星团聚集在一起。恒星数量多的球状星团能够一直保持聚集状态，而恒星数量比较少的疏散星团则在几百万年或几千万年后瓦解。

1869年，在米歇尔牧师之后一个世纪，英国天文学家波达在一书中写道“在天空中，恒星会有向着某个特定方向运动的趋势”。波达发现，一个星团的恒星有相同的平均运动，当该运动为远离地球时，所有的恒星的方向都是一致的。想象一下，站在有十二条车道的高速天桥上向西看汽车飞驰。其中向西的六条车道上的六辆车都以时速100公里的速度在各自的道路上行驶。若你能够瞬间移动到西边10公里的另一个天桥上，六分钟后，你会发现这六辆车依然以相同的速度平行从你下方驶离。这些车已经在各自的路线上保持了相对位置，其距离并未增加或减少。在你的视野中，这六条平行的线路似乎在远处汇交于一点，因此车看起来在地平线处会撞到一起。同样的，若恒星与太阳的距离都相同且以同样的速度向同一方向运动，其共同的运动看似这些恒星会汇集在遥远的一点。此外，距离观测者较近的汽车（恒星）的汇集速度比距离远的恒星的汇集速度更快，因此这种方法可以被用来估计一组天体的物理距离。天文学家将其称为收敛点现象，可以据此来确定星团中恒星的平均距离。

1910年，纽约杜德利天文台台长路易斯·伯斯（1876—1912年任职天文台台长）发表了天体自行运动（空中恒星的垂直和水平的运动）的完整目录《1900年时期6188颗恒星的初步总目录》。伯斯不仅拥有最准确的自行运动数据，还有从天体光谱中获得的多普勒频移数据，并拥有首次测得的毕星团三颗恒星的径向速度（朝向太阳或者远离太阳的速度分量）。1908年，伯斯得出了这三颗恒星的三维运动分析，表明三者有共同的径向速度39.9km/s，空间速度（恒星的三维运动）都为45.6km/s，其汇聚点距太阳38～40秒差距（该数据的准确率达到80%，现代的测量数据为46秒差距）。毕星团恒星本身的大小为宽8～10秒差距，深8～10秒差距，这就意味着这几十颗恒星与太阳的距离几乎相同（41～51秒差距之间）。换句话说，毕星团内任何两颗恒星间的距离比其到太阳的距离都要小。在实践层面上来说，“毕星团内所有恒星到太阳的距离都相等”这一论断是很有道理的。伯斯推断，该星团是由一个初始就有着同样速度和方向的巨大星云坍缩而成的。

到1910年，大家对星团有了更加清晰的认识。所有星团都是由一群恒星依靠引力聚集而成，也许只是暂时聚集成一个星团。星团中恒星的运行方向是相同的，也许是因为它们是在同一时期，由同一个巨大的星云形成的，因此其运动都和原初星云的运动保持一致。由于星团内部恒星间的距离比它们和太阳间的距离小得多，我们可以认为星团内的所有恒星与太阳间的距离是相同的。对离太阳很近的毕星团来说，其星团的宽度大概为到太阳距离的20%。假设其他星团体积和毕星团相似，但是距离更远一些，那么距离越远，其所有恒星与太阳间的距离相等这一论断的准确度就越高。

主序拟合

我们对星团的理解建立在三个基本观点上。第一，星团（疏散星团包括几百颗恒星，球状星团包括几万甚至几十万颗恒星）是恒星靠引力聚集在一起的（疏散星团能够维持几千万年，球状星团能够维持上百亿年）。第二，星团内的恒星大约是在同一时间，由同一个气体云在引力作用下坍缩，形成恒星或是双星、多星系统。第三，由于星际云坍缩的物理过程具有随机性，形成的恒星质量也不相同；质量最小的大概为太阳质量的10%，而且亮度比较低（约为太阳亮度的1%），而质量最大的可以是太阳质量的50倍，并且亮度很高（太阳亮度的10万倍）。即使星团中只包括几十颗恒星，星团中恒星的质量、亮度和光谱类型也都有很大的跨度范围。

一个世纪之前，天文学家就能够用汇聚点的方法测量毕星团中的恒星距离我们的距离。根据这些距离以及观测这些恒星得到的视星等和光谱类型，为毕星团绘制赫罗图成为一项简单的工作。对于所有碰巧离太阳足够近的恒星，我们得到的星图与赫罗图非常相似，因此我们可以直接测量基于视差的距离和绝对星等；然而，这些临近太阳的“场星”的恒星并不构成一个星团。尽管这些场星呈现出主序星特征，包含巨星和白矮星，然而这些场星并不是同时形成的，也不来自于同一个星际云。而是各自在单个星际云中形成。毕星团自己也有这样的特征。意料之中的是，毕星团中G型星的绝对星等与G型场星相同，毕星团中F型星的绝对星等等于F型场星。事实上，毕星团完整的主序与场星的主序吻合。当然，我们知道这是因为主序星的亮度和温度完全是由质量决定的；因此，所有星团中的 G 型星一定有着同样的亮度和温度——其他主序星，如 O、B、A、F、K 和 M 型星也是同样的。

那么，在星团距离较远无法通过直接测量视差来得出距离和绝对星等的情况下，关于星团我们可以了解多少呢？我们只有光谱和视星等，没有视差数据，但为了得出赫罗图，我们需要光谱和绝对星等。然而我们也知道，星团内恒星间的距离几乎是相同的。对毕星团来说，所有恒星与太阳的距离大概为 46 秒差距（有的距离稍微近一些为 41 秒差距，有的稍远些为 51 秒差距）。对于距离更远的星团，如 M46，所有恒星都分布在 1660 秒差距外的几个秒差距之间，所以它们在 0.5%的精度范围内距离相同。让我们看看如果在赫罗图中用视星等代替绝对星等会怎样？在这样的图中，任何一颗恒星的内禀亮度我们都不知道，但是我们知道，若某星团中恒星的视星等为另一颗恒星的 5 倍，那么其绝对星等也为其 5 倍。

利用一个星团的所有恒星的光谱型与视星等，我们能得出一条主序带。主序带只是不同质量恒星在表面温度-亮度图表中的位置，某一特定质量的恒星有着固定的亮度和表面温度。我们画出了毕星团的赫罗图，其亮度被校正过。我们还有其他恒星团的赫罗图，所有这些图在内部都是一致的，只是没有校准恒星的绝对星等。

现在想象一下我们观测两个星团，毕星团和一个未知距离的星团。后者主序中 K 型矮星的亮度比毕星团中 K 型星的亮度低了 100 倍。因为宇宙的任何一颗 K 型矮星都是相似的，那么二者亮度不同的唯一原因就是第二个星团的距离是毕星团的 10 倍（根据平方反比定律）。因此我们就能知道第二个星团的距离为 460 秒差距。

这种将一个星团主序星视星等与一个已知距离的星团内的绝对星等进行比较，得出距离的方法被称为主序拟合。我们所需要的信息只是一个已知距离的星团；根据此星团，我们能够修正主序中M、K、G和F型星的绝对星等，再根据这一数据应用到其他可以观测到的星团中。毕星团是我们的起点。尽管其到太阳的距离最早是在1910年通过汇聚点的方法得出的，但是已经用好几种不同的方式对其距离进行了测量，所有的结果误差都在10%以内。依巴谷卫星测量出了毕星团中每颗恒星的视差，就能够准确测量每颗恒星的绝对星等。如今我们可以通过主序确定任何星团的距离，测量出的距离和毕星团的距离是同样精确的。

从星团赫罗图得到的新天体物理学

当天文学家开始测量星团恒星的亮度和光谱类型，并描绘出其赫罗图，他们很快就发现赫罗图存在几种模式。所有的星团都有主序，并且在高亮度-高温度处有拐点：一般是O型或B型星，有时是A型甚至F型星会从主序带中消失。另一方面，G、K和M型星总是存在于主序上（除非星团太遥远而无法观测到M型星）。此外，星团中主序星缺失的高温恒星越多，主序上方就有越多的巨星。对很多星团来说，主序通常在高温的一端转向侧面，再向上弯曲，与巨星地带无缝衔接。

某些星团赫罗图中温度最高的恒星缺失最主要的原因是这些恒星不能一直存在。温度最高的恒星也是质量最大的，同时质量大的恒星的亮度也更高（质光关系）。因此质量较大的恒星用尽内部能量的速度也比小质量恒星更快，所以导致了质量较大的恒星的寿命比较短，会首先脱离主序带。因此，某些星团的主序中会缺失温度较高，亮度较大，质量较大的恒星，因为它们已经死亡了。这种恒星缺失的另一个原因是，并不是所有的星团都能形成这样的恒星。

我们曾经说过每个主序带上的矮星的位置基本是由恒星质量决定的。然而，我们不能将K型红矮星和K型红巨星分辨出来（在莫里的光谱子集的帮助下可以完成，但是在安妮·坎农的光谱类型中没有这一子类）。星团的赫罗图可以解决这一问题：由于星团内的所有恒星与太阳的距离都是基本相同的，我们能直接比较这些恒星的表面亮度，即使我们不知道其距离（也就是内禀亮度）。有了星团，我们就能很快发现哪些恒星是矮星：它们是主序带中的主要恒星。反过来，如果知道星团内的某些K型星比其他主序带上的K型星亮度高出1000~100000倍，那么我们就能推断这些恒星是巨星或超巨星。

通过比较星团的主序，我们可以依次测量星团的距离，甚至测量到银河系外的星团距离。实际上，凡是能够对单独恒星测量视星等和光谱类型的星团，我们都能测量其距离。限制我们测量星团距离的因素只是望远镜的极限和我们的耐心。

但是宇宙年龄这个壮丽图案现在还缺少一块拼图，而且是很重要的一块。我们还不了解恒星发光和发热是怎样的机制，这个机制使得相同质量的恒星有同样的亮度和温度。我们一旦有了这个问题的答案，赫罗图（或者说颜色-星等图）便将真正成为我们一直在寻找的宏伟工具，该工具将使我们能够确定星团的年龄，星团中的恒星的年龄，最终了解宇宙的年龄。

第12章 质量很重要

我得出的结论是，恒星的绝对亮度主要取决于其质量……

——亚瑟·爱丁顿（Arthur S. Eddington）《论质光关系》，发表在《皇家天文学会月刊》（1925）

最终，恒星天体物理学的几乎所有方面都取决于恒星的单一属性——质量。在本章中，我们会说明为什么是这样。

引力与热压力的战争

在银河系中经常有恒星诞生，比如在像猎户座星云这样的星际空间中，巨大的星际云碎片聚集在一起就会形成新的恒星。星际云主要由气体（单原子和分子）构成，有着特定的温度、体积、质量、组成和旋转速度。星云的温度描述了其中分子或原子的动能，而云的大小和质量是云的引力强度的函数。由于引力是吸引力，星云自然会在引力的作用下压缩。然而，热提供了一种抵抗引力的自然压力，如果可能可以使星云膨胀。旋转提供了在某一个方向上的抵抗引力机制，但在旋转轴方向上没有任何作用。星云一直处于向内的引力和向外的热压力的战争中，正是这两种物理过程间的斗争，决定了恒星的年龄，从诞生直至死亡。

一些星际云的温度很高，质量较小。在这些星际云中，膨胀力战胜了引力，无法形成恒星。然而，若在一个极小的空间内，星云质量足够大且温度足够低，此时引力获胜，就会开始形成恒星。在后者情况下，星云开始瓦解，变得越来越小。由于星云是气体，且气体在压缩情况下温度上升，被压缩的星云开始升温。气体中的粒子开始辐射出热量，温度渐渐冷却下来。最初当星云是透明的时候，光线形式的热量能在它们产生之时迅速逃离。因此在恒星形成的早期，星云并没有升温太多，重力在与热力膨胀的战争中一直处于上风。

引力的强度与吸引质量的大小成比例增加，但是，像光的平方反比定律一样，引力的强度与两个质量之间的距离的平方成比例地减小。当星云压缩至一个很小的空间，粒子间的距离变得越来越小，而质量保持不变。可以预见的是，随着距离的持续变小，星云的自引力迅速增加，其体积会进一步压缩变得更小。起初，星云并未升温太多，引力在战争中处于极大优势，星云的坍缩速度加快。

随着星云压缩得越来越密，其透明度越来越低。其中多数热量会辐射出去，但随时间推移，会有越来越多的热量存在于逐渐变得不透明的星云中。星云仍在继续压缩，它开始一点点地升温。热压力膨胀获得了再一次与引力抗争的机会。现在我们得到的是原恒星，只有外层可以辐射出热量。原恒星内部产生的热量被困在其内部，直到它找到出来的方式。随着原恒星中心温度越来越高，热压力越来越大，抵抗着引力的收缩作用。一段时间内，热压力能够减缓甚至阻止引力对原恒星的收缩作用，但是原恒星继续在表面释放热量。

经过了很长的时间，随着表面热量不断释放到外部空间，越来越多的内部热量被转移到表面；这些热量也被辐射出去，原恒星内部冷却下来。引力仍然占据主导地位。当内部冷却下来，原恒星稍有收缩、升温，然后又冷却再收缩。在这种无限的循环下，恒星内部和表面温度都升高。热压力并没有妥协。然而，正在形成中的恒星释放的热量不足以和引力抗衡。引力会继续使尘埃云压缩，越来越小，除非坍塌的云能够找到一个热源，其能迅速补充云辐射到太空中的热量，以抗衡引力造成的坍缩。

只与质量有关

在某些情况下，若坍缩的原恒星质量足够大，其核心的温度和密度就能使得氢原子通过质子-质子链生成氦的核聚变反应成为可能。此时，原恒星变成了一颗恒星，一个核聚变的机器。它已经具备了自己内部产生热能的机制，能够以此来抵抗引力的作用。若核心温度没能高到阻止引力使其压缩，引力会继续将其压缩。核心会变得更小、更密，温度更高，同时核聚变反应的速度会急速增加（由于温度的升高）。这种压缩、升温以及产热的循环会一直持续，直到核聚变反应释放的热量足以平衡其表面失去的能量。当达到这种平衡，引力与热压力之间的斗争陷入了僵局。这种内部张力和外界压力平衡的局面会持续几百万年，几十亿年甚至更久，完全取决于恒星的质量；但是这种休战的状态只是暂时的。引力不会放弃斗争。

在内外平衡期间，核聚变反应的速率恰好足以平衡引力作用，阻止恒星的收缩。若恒星继续收缩，核心温度会增加。这会导致核聚变反应速率继续增加，从而释放更多热量，使恒星膨胀。膨胀过后，核心温度会降低，核聚变反应速率会降低，从而热量产生速率降低，核心温度降低，恒星会再次收缩，最终达到平衡。当恒星达到引力与热压力之间收缩与膨胀的平衡点，恒星就成为一个稳定的天体，有着恒定的核心温度、恒定的表面温度和稳定的半径。这就是一颗主序星，并且只要这种平衡不被打破就会一直这样存在下去。

若原恒星的质量小于太阳质量的 8%，它就永远无法达到质子链反应所需的温度和压力，因此永远都不能成为一颗主序星。然而，如果原恒星质量低于 8%却高于 1%个太阳质量，其内部温度和压强足以引发氘到氦的聚变反应，形成褐矮星。由于每 6000 个氢原子中才有一个氘原子，（相对于恒星）褐矮星的可利用能源很少；因此，即便是质量最大的褐矮星也无法提供氘聚变反应所需一亿年的能源。一旦褐矮星用尽氘能源，它们就会慢慢消逝。

新形成的原恒星表面温度要低于恒星，并且释放的光也很少。为了探测并研究这些暗弱低温的天体，天文学家利用两种大型望远镜：基于地面的和空间的红外望远镜来收集天体释放的红外光，射电望远镜来收集温度较低的天体释放的无线电波。当我们考虑天文学家测量哪些量可以使它们在赫罗图上定位恒星时，我们发现原恒星并不适合传统的赫罗图格式。它们太冷了，太暗了。但是，我们可以想象将赫罗图扩展到既包括更低的温度又包括更低的亮度。这样，我们就能将原恒星定位于赫罗图右下角。

随着原恒星变得不透明，它们的温度逐渐升高。因此，在赫罗图上从右侧向左侧移动，逐渐接近标准区域。同时它们的亮度很快超过了普通的恒星，因为尽管它们温度较低，但发光面积却很大。因此，我们能够想象随着原恒星逐渐形成恒星，它们逐渐从最低端移动至主序的右端，而后从上方和右侧逐渐接近主序带。这样，赫罗图可以用来追踪恒星的形成。

当新生恒星核内产生核聚变并且达到平衡时，恒星稳定至主序带。每个原恒星最终都会成为主序星，其位置是由质量决定的：质量较大的恒星产生更大的引力收缩力，因此为了达到平衡，它们的温度会比质量较小的恒星高。为了使得温度升高，它们必须通过核反应释放更多的能量。由于体积的关系，质量大的恒星亮度也会相对高一些。

20 世纪 20 年代爱丁顿发现了的质光关系，解释了为何主序与质量有关，为何质量最大的恒星温度和亮度都是最高的，而质量最小的恒星需要用来对抗引力的热量最小，因而温度和亮度最低。恒星质量论和物理定律之间完美契合。

恒星通过核聚变反应来平衡引力的能力并不是永久的。最终恒星会用尽核内的全部氢燃料。质量较大的恒星的主序寿命有多长?质量为太阳 10 倍的恒星的寿命仅为太阳的 1/30：只能存活三千万年。质量为太阳 50 倍的恒星只能存在五十万年。

当核内氢原子用尽，质子链聚变反应会停止，恒星无法弥补表面失去的热量。在耐心地等待氢燃料耗尽之后，引力再次取得了胜利。

第13章 白矮星和宇宙的年龄

给定质量和成分的白矮星在赫罗图的位置由其温度决定，也就是由其年龄决定……随着某一质量的恒星逐渐冷却，其在赫罗图中画出一条直线。

——利昂·梅斯特尔（Leon Mestel），《白矮星理论》，《皇家天文学会月刊》（1952）

主序星有限的生命让我们找到了两种估算宇宙年龄的方法。在本章结尾，我们会得到一种估算年龄的方法，即通过白矮星温度和冷却时间进行估算。第二种方法源自对星团的观测，这是本章的主题。

令人惊奇的是，古老的已经死亡的白矮星的内核提供了根据温度估算年龄的方法。此外，白矮星是了解Ia型超新星的基础，Ia型超新星是双星系统中的白矮星体积增长太大引发最终爆炸的结果；Ia型超新星对了解宇宙膨胀历史非常重要，它还提供了另外一种估算年龄的方法。因此，了解白矮星是很有必要的。

超过98%的恒星最终会成为白矮星，但这并不意味着98%的恒星都已经成了白矮星。白矮星的数量取决于恒星衰老和死亡的速度，因此，若宇宙年龄很大，天文学家就能够找到许多白矮星；若年龄很小，则能找到的白矮星数量很少。那么，什么是白矮星？宇宙中到底有多少白矮星呢？

小质量恒星

质量最小的恒星，不到太阳质量的一半，永远无法实现完整的质子链反应。原子核碰撞要求内部分子运动速度很快，使得带正电荷的粒子能够相互碰撞而非排斥。同时，温度是气体分子平均运动速度的标志。在恒星内部，温度足以使得质子（氢原子核，带一个单位的正电荷）与另外一个质子相互碰撞形成氘（包含一个质子和一个中子的氢原子核，也带一个单位的正电荷），也足以使得氘与一个质子碰撞形成氦3核（包含两个质子和一个中子，带两个单位的正电荷）。然而，若使得两个氦3分子相互碰撞形成氦4，则需要更高的温度；而这些小质量恒星由于引力较小，无法在核内形成如此高的温度。小质量恒星也没有隔离对流的核，对流作用会把热量传递到恒星表面。而对流作用使得上升的热气体将恒星的核内物质带到恒星表面，又将温度较低、更致密的物质从恒星表面带到恒星的中心。因此，在小质量恒星内部，几乎所有空间都能被核聚变所利用。鉴于这些恒星的质量低导致表面和核心温度相对较低，并且它们的核聚变率和光度低，因此，只有太阳质量的四分之一的恒星的主序寿命预计将超过3000亿年。目前看来，3000亿年比任何对宇宙年龄的估计都要大20倍左右。这就意味着所有宇宙中的小质量恒星仍然是主序星。由于没有已经死亡的小质量恒星，且大部分恒星都是小质量恒星，因此宇宙中白矮星数量应该很少。这一结论与天文学家的观测相符。如图 13.1 所示。

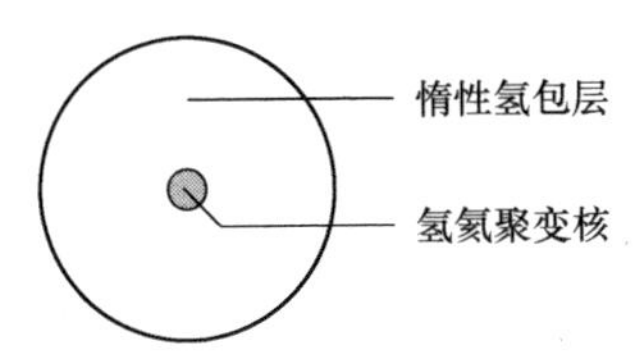

图 13.1　主序星的内部结构。在核心处，氢原子核聚变为氦原子，核心外侧围绕着惰性氢包层。核心直径大概为该星直径的 10%。

红亚巨星

在质量超过太阳一半的恒星内，氦 4 的不断形成用尽了核内可以转变为氦的氢原子。此外，核内高温的等离子体无法向上与外层的等离子体对流混合。结果，只有核心的氢（大概占据了恒星质量的 10%，核的直径约为恒星直径的 10%）能够发生聚变反应。当内部氢原子用尽，引力再次占据上风，恒星再次收缩。收缩的恒星包含两部分，收缩的惰性（无活跃聚变反应）氦核和惰性氢包层。接下来发生的事情是恒星天体物理学中最违反直觉的现象之一。恒星的核心变小，结果恒星整体膨胀。如图 13.2 所示。

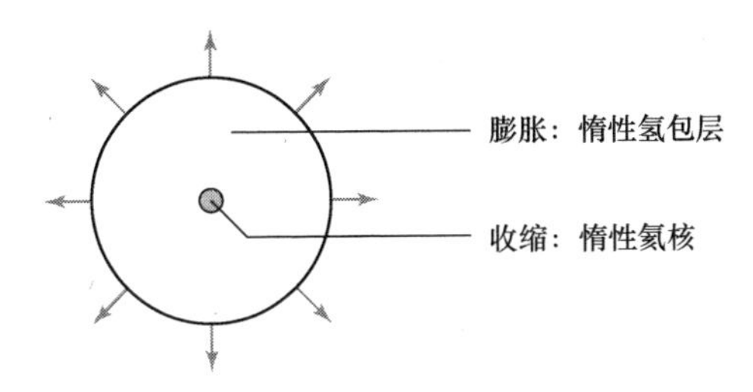

图 13.2　恒星离开主序带时的内部结构。在核心处，氢原子被耗尽，氦原子由于温度过低无法发生聚变反应。冷却的核心收缩，从而加热周围的氢气包层，导致恒星外层膨胀。此时恒星变成一颗亚巨星。

由于引力将核挤压得越来越小，核内的温度开始升高，从 1000 万 K 到 1500 万 K 再到 2000 万 K 最后到达 2500 万 K。在氦核温度由于引力压缩作用上升时，其氢包层底部的温度也会因其温度加热而升高。这种显著的内部温度的升高使得内部压强变大。因此，尽管恒星最内层在引力作用下不断压缩、温度升高，其外部却在高温和高压下向外膨胀。如图 13.3 所示。

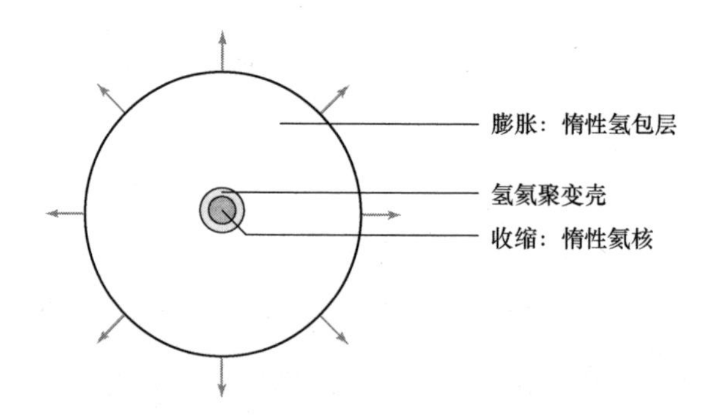

图 13.3　红巨星分支上的恒星的内部结构。氦核内部继续收缩。核外层的氢壳的温度足以使其聚变为氦。核聚变反应释放的热量继续对外层氢包层加热，使得包层继续膨胀。此时恒星变为红巨星。

外层的膨胀导致恒星表面面积增大，这样释放同样数量（甚至更多）的能量所需的温度就相对降低了。因此，若跟踪一个已经到达主序带生命尽头的中等质量恒星的亮度和表面温度，我们会发现随着恒星用尽核内能量，其在赫罗图的位置向右上方移动。向上移动（亮度变高）是因为核内温度升高，内部热量必须传递到表面并释放到空间之中；向右移动（温度降低）是因为外层的膨胀。最终，恒星不再属于主序星，体积变得更大，亮度更高，温度更低，颜色更红，成为一颗“红亚巨星”。

红巨星

随着恒星核内温度升高至几千万度，靠近核的外层氢气的温度也上升至一千万度。慢慢地，质子链反应发生在惰性氦核的外层薄薄的氢气壳之中。这种核外的能量释放继续对包层加热并使其膨胀，致使恒星体积更大，亮度更高，温度更低。恒星在赫罗图上向上移动，成为红巨星。恒星再次达到内部压力的平衡，但是巨星阶段引力和热压力的平衡是短暂的——只是主序时期平衡时长的1/10——这是因为可以用来聚变的能源比核内要少。

电子简并

在已经演化到红巨星的中等质量恒星内部，物质经历了一种陌生的量子力学转变，从正常的物质变为电子简并物质。电子简并现象不仅对解释中等质量恒星变成红巨星的行为很重要，也对理解白矮星很重要。电子简并与两个事实有关：每个电子都是相同的；量子力学限制了所有亚原子粒子的能量。比如说，原子内部固定轨道上的电子无法进入任意能量的轨道，它们的轨道是限定在某个特殊的能级上的；这就是为什么每个原子有着独特的发射谱线和吸收谱线。量子力学的定律说明，两个处于同一空间内的相似的粒子不可能有完全一样的性质（能量，运动方向，量子自旋）。这些定律也限制了粒子所有可能的性质或状态的组合。因此，若恒星内部一部分区域所有的低能级都充满了电子，那么不可能再有更多的电子进入占据同一个空间。这个多余的电子要么不在该空间，要么位于更高的能级上。这种行为与抢椅游戏十分相像，该定律被称为泡利不相容原理。

与抢椅子游戏不同的是，没有抢到椅子的玩家并没有被淘汰；它们继续环绕在被占满的椅子周围（它们比抢到椅子的玩家能级高），挤满整个屋子并阻止其他玩家进入这个房间。当恒星中心的气体压强特别大时，它会简并。恒星外层的引力压阻止简并电子离开该区域，就如同一排玩家堵在门口，试图进入抢椅子的房间，同时阻止了内部的玩家离开。若抢椅子游戏像马拉松一样持续上几天，没有椅子的玩家会筋疲力尽；他们的速度会更加缓慢；他们会迫切需要坐下。但是没有空闲的椅子，他们只能站着在屋内游荡。房间内的压力并不来自于玩家的能量，而是由于太多人挤在一个狭小的空间。简并气体会造成类似的压力。

电子简并现象发生在恒星中心压强极大密度极高的情况下，但简并电子也存在于地球上的普通金属之中。它们使得金属具有强导电性和传热性，它们的存在使得金属像白矮星一样，难以被压缩。事实上，将白矮星比作液态金属球非常恰当。二者的区别在于白矮星的密度和压强大大超过液态金属球，因此相同体积的情况下，白矮星的简并电子比液态金属球的简并电子多。

红巨星表面以下，温度迅速升高至 30000K。在该温度之下，不仅仅是氢原子电离，连所有的氦原子都因为温度太高而使得内部电子与核脱离。因此，实际上整个恒星内部充满了完全电离的氢和氦核，周围是脱离了核的电子；自由电子能够在恒星内部随意穿梭。在恒星中心的高密度区域，自由电子被挤压在一个狭小的空间，占据了所有的低能区域——相当于所有的椅子都被占满了。引力压将更多的电子压入这个狭小的空间。考虑到电子的温度，它们更易处于低能级，但是泡利不相容原理使得它们无法都挤在低能级。电子无法离开这个空间，因此它们只能待在高能级。所以，温度高且被压缩在狭小空间的多余电子向外抵抗着引力作用。

这样，抵抗引力的压力不再是热压力，不再由温度所决定。取而代之的是，压力来自于那些不能待在适当能量区域的电子。这种压力被称为简并压。因为自由电子能很快传导能量，且整个中等质量恒星的简并核内充满了自由电子，因此核内温度的差异几乎立刻被抹平，恒星的核很快就变成等温了（核内的温度相同）。

碳/氧核

当核内温度达到一亿开尔文，氦核运动速度足以使其发生相互碰撞。当核内密度超过每立方厘米十千克，氦核就必然会相撞。这样氦核到碳核的聚变反应就开始了。

聚变反应分为两个步骤。首先，两个氦核相互碰撞；二者形成铍 8。某些质量被转化为能量，该能量以伽马射线的形式释放。铍 8 原子核包含四个质子和四个中子，非常不稳定（有四个质子和五个中子的铍 9 非常稳定，但恒星内部形成的一般是铍 8）。之后铍 8 又迅速分解为两个氦核。在一亿开尔文以上，铍 8 形成与分解的速度相当，因此有部分铍 8 在分解之前能够参与到聚变反应的下一步，也就是第三个氦核与铍 8 相互碰撞，形成碳 12 原子核，包含六个质子和六个中子。因为某些历史原因，氦核被物理学家称为 α 粒子，由于该反应最终将三个 α 粒子转化为一个碳原子核，因此这个过程也被称为 3-α 过程。伴随着这一过程，中等质量恒星通过氦核与碳核结合产生氧核的过程，将一小部分质量转变为能量。尽管进程较慢，但是这些恒星内部一定是充满了氦、碳和氧，同时部分碳和氧混合着向上运动至恒星外层。如图 13.4 和图 13.5 所示。

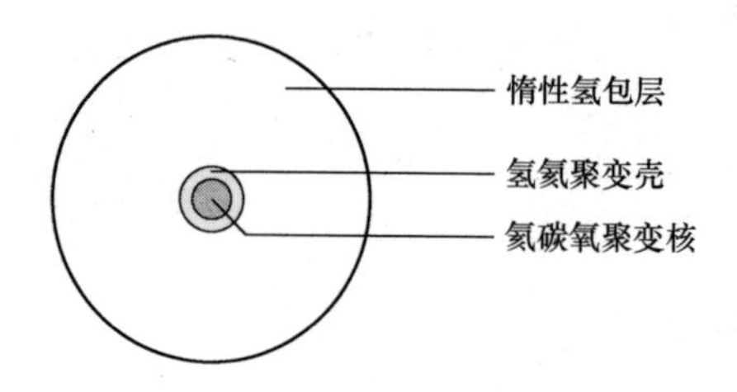

图 13.4　恒星的内部结构，恒星核内温度足以使得氦核聚变为碳和氧。该恒星现在是水平分支恒星。

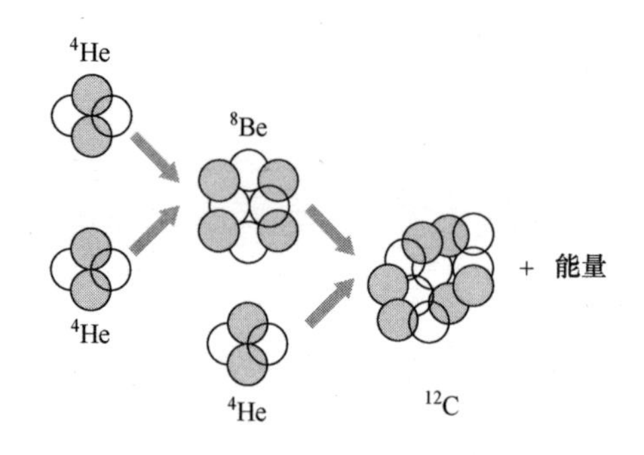

图 13.5　3-α 核聚变反应过程。三个氦核在一系列的碰撞下形成一个碳核并以伽马射线的形式释放能量。

当这些恒星消亡会形成行星状星云，产生的大部分碳氧都会释放到太空。留下碳氧核心，形成白矮星；而释放的原子会变为太空中分子和尘埃粒的一部分，为形成下一代恒星和行星做准备。这样，每一代红巨星都为星系提供了大量比氢氦更重的元素。最终，地球上所有的碳原子，不论是煤、钻石、器官分子还是二氧化碳，都来自红巨星的核。当然也包括我们呼吸的所有氧气。

当 3-α 过程开始，核内能量被释放。通常，能量的释放会提高气体温度，增大压强，进而导致核心膨胀。然而，因为核心是简并电子，内部压强并非取决于温度而是简并电子。因此，3-α 反应中释放的能量使得温度升高，却没能使得核心膨胀。随着内部温度升高，聚变反应速率加快，内部温度越来越高。

最终，随着温度的升高，形成了新的电子能级，电子能够处于这些新的非简并能级之上。类比到抢椅子游戏中，相当于房间内增加了一些椅子。所有的玩家都有了椅子，还有部分椅子是剩余的。简并现象不存在了。突然间，内核能够像正常的气体一样运行了，依靠热压力与引力相平衡。在赫罗图上，3-α 过程始于红巨星支的最高点。在氦—碳聚变过程开始后，这些恒星略有收缩，亮度降低，而温度只稍高一点。在赫罗图上，它们处于水平分支，也就是主序之上，在红巨星的左下方（比红巨星更热，亮度更低）。这颗恒星开始稳定的氦—碳聚变过程，成为一颗红巨星进入其生命缓慢、稳定的阶段。重力必须再次满足于平局，尽管只是暂时的。引力与压力再次处于短暂的平局状态。

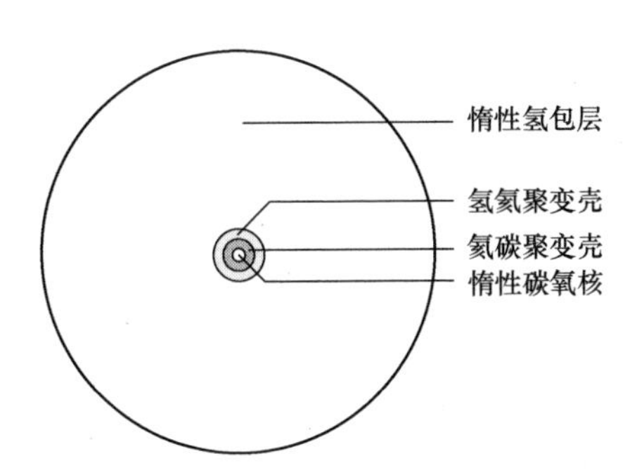

图 13.6　红超巨星的内部结构。在中心部分，碳氧核作为氦聚变反应的残留物遗留下来。在行星状星云阶段将恒星外壳喷射出去之后，这个内核成为白矮星。

这些衰老的中等质量恒星的内部结构与洋葱相似。中心不断积累着新形成的碳核。四周发生氦—碳聚变反应，再向外是氢聚变反应形成更多的氦。最外层是温度过低无法聚变的氢。随着年龄增长，中等质量恒星再次膨胀，亮度增加，最终成为红超巨星。

不稳定带

在赫罗图中恒星生命的水平分支阶段，恒星会经历一段时间，在此期间，恒星的外层会变热并因此膨胀和冷却。在外层较低的温度下，一些电子能够与原子核结合，形成带电量较少的离子甚至是中性原子。膨胀的恒星能释放更多的光线，一部分原因在于其释放光线的面积增大，另一部分原因是中性原子或带电量小的原子透明度比较高。因此，巨星的外层冷却，最终缺少热压力使其继续膨胀，导致外层向内收缩，冷却的包层收缩至引力和热压力再次达到平衡状态的大小。然而，当恒星到达该平衡，包层仍继续向内收缩。包层的收缩无法立刻停止；因为它过度补偿，以致于它收缩得太多了。这样，包层温度升高。额外的热量产生的热压力逐渐减缓并终止收缩。但是此时，中性原子又变回透明度较低的离子，不利于辐射向外传递。恒星外层再次加热、膨胀。恒星膨胀至引力与热压力平衡的体积，同样，这次的膨胀运动也无法立刻停止。恒星处于不稳定状态，只有一个选择：重复膨胀—冷却收缩—升温的循环。

巨星这样脉动的循环——体积变大，亮度变高，温度降低，体积变小，亮度降低，温度升高——证明了向内的引力拉力和向外的热推力的不平衡。无法达到压力平衡，恒星只能继续脉动。特定的脉动变星被称为造父变星，将在第 15 章、第 16 章讲到，为我们提供了另外一种估算恒星、星系和宇宙年龄的方法。

行星状星云

脉动的结果之一是，恒星外层包层膨胀速度过快，以致引力无法减缓向外的扩张力，难以把它们拉回来继续另一轮的循环。包层脱离了恒星，就如同烟雾进入太空。留下的就只有温度极高、体积很小的红巨星的内核，几乎完全由氦、碳和氧组成。爱丁顿将这种天体称为白矮星。

红巨星能够以每秒钟数千公里的速度向外释放烟环，同时它的质量以每年十万分之一太阳质量的速度减少。在这种速度下，十万年后，恒星就会像太空中喷射等同于一个太阳的质量。不到一百万年内，质量为太阳九倍的恒星会失去 90% 的质量。通过这种机制，主序阶段质量介于约 1/2 至 9 个太阳质量的红巨星会失去大部分的质量；主序开始的阶段为五个太阳质量的恒星，会失去超过四个太阳质量，最终只剩下太阳质量的 1/2 ~ 3/5。事实上，在这一阶段所有质量为 1/2 ~ 9 个太阳质量的恒星最终都只能剩下大概 1/2 个太阳质量。

这些逐渐走向死亡的恒星将外层物质抛射到太空中，它们被称为行星状星云。（该名字的由来是 200 年前在天文学家的望远镜中看到的图像是又大又圆的天体，很像行星而不像恒星。）在 15 万 K 的高温下，遗留下的内核是白色、炽热的，并且释放更多的紫外线而不是可见光。紫外光使行星状星云气体升温，导致星云发光。

白矮星

正如我们所知，白矮星是恒星的残留物，红巨星废弃的内核。

它们是离奇的物体，与我们在日常生活中所经历的一切极为遥远。在赫罗图上，它们由于高温处于最左端，又因为发光面积小（比太阳表面积小一万倍，体积与地球相当）、亮度较低而处于主序下方。

在第9章，我们了解到如何利用温度、亮度以及玻尔兹曼定律确定了天狼星B的体积很小，直径相当于地球直径。我们也知道，根据对双星系统的观测，天狼星B的质量与太阳质量相近，是太阳质量的98%。但是，该天体体积与地球相仿，质量却是地球的30万倍。这样的体积和质量意味着天狼星B的密度是地球的30万倍，超过每立方厘米一吨，同时天狼星B表面的重力作用也是地球的30万倍。在如此高的密度和压力下，几乎所有白矮星的体积（占其质量的99%）都充满了简并电子，就像中等质量恒星的核心在3-α过程开始前不久一样。白矮星是一个地球大小的球体，由充满了简并电子的氦、碳、氧核组成。电子简并压使得整个白矮星密度相同。因为简并电子具有极好的热传递性质，整个白矮星内部温度也是恒定的，一旦某一部分的温度过高，简并电子能够迅速消除温度差异。白矮星这种近等温的简并电子性质的唯一不同之处是在其最外层。其外层表面由一层非常薄的、不透明的、非简并的氦绝缘层组成，而且75%的白矮星外面还另有一层类似的氢绝缘层。

白矮星的半径由简并电子压决定，而非内部温度。同样，简并电子压取决于质量，也不是白矮星的温度。不管白矮星向外界释放多少能量，也不论白矮星的温度降低了多少，白矮星的体积始终保持不变。引力使得白矮星到达了简并状态，但是无法继续使恒星收缩。最终，引力永远失去了胜利。

一个孤立的白矮星会永远保持其质量和体积，但无法维持恒定的表面温度。这就是我们一直找寻的关键。尽管恒星失去90%的质量后就没有多少东西了，但剩下的东西将会告诉我们宇宙的年龄。

白矮星的冷却曲线

在白矮星形成之初，它就是红巨星裸露的温度高达 15 万 K 的内核。尽管温度和压强都很高，内核的温度和密度依然无法通过碳和氧核聚变产生更重的元素来生产热量。此外，简并压使其保持在恒定的体积，这样就无法通过引力坍缩或收缩来产生能量。由于白矮星温度比星际空间高很多，它们会继续辐射热量；但又因为它们不再发生核聚变，因此其无法补充损失的能量。

那白矮星会怎样呢？它们会冷却，在不收缩的情况下必须如此。白矮星大小的天体冷却的速度取决于其亮度，亮度又取决于体积（总表面积）和表面温度。由于白矮星在冷却时体积不会变化，它的温度越高，释放的热量就越多。最初，白矮星冷却速度很快，但是随着温度的降低，冷却的速度越来越慢。当白矮星温度下降到 25000K 以下（仅需约 3000 万年时间），其冷却速度急速降低。

我们重申一下白矮星冷却的情景。一位天文学家发现了一颗白矮星并测量其温度和亮度。亮度是由温度和半径决定的，因此从亮度和温度测量中，我们可以测量出其半径。反过来，半径是由质量决定的；因此我们也要测量白矮星的质量。如果我们知道白矮星的温度、半径、亮度以及质量，我们就知道了其释放能量的速率，我们也可以知道其将来的亮度和温度。同样地，若我们知道了今天的亮度和温度，我们也能知道其之前的亮度和温度。

在赫罗图上，白矮星曲线向右下方弯曲（亮度和温度都降低）。对于一个冷却但体积保持不变的天体，赫罗图上的形状是一条垂直的直线（在颜色—星等图上是一条曲线），不同质量的白矮星位于平行的不同垂直线上。

天文学家很少能够观察到年轻时期又小又高温的白矮星，因为这个阶段太短暂了。只发现了一些这样的天体，它们的亮度是太阳的一百到一千倍。大多数白矮星最早发现在赫罗图的中部偏左的位置，温度为2.5万~3.5万K，亮度为太阳的1/10。随着其年龄增长，白矮星在图表上慢慢向下滑动。整个冷却曲线下降至主序以下。

白矮星冷却中的多数细节都是容易理解的，但是对于一个给定的白矮星，确定哪个冷却模型适合它就有点困难了。比如说，氢外层较薄的白矮星冷却速度和氢外层较厚的白矮星的冷却速度有些不同，但是观测者很难判断白矮星外层的厚度。此外，白矮星内核的组成决定了其包含的热量以及冷却的速率。与以碳为主的白矮星核心相比，以氧为主的白矮星核心持有更少的热量并且冷却得更快。但是天文学家还没能弄清如何确定白矮星内核的组成。假设我们知道任意一个白矮星大气和内核的组成，我们就能准确地计算出其冷却速率，因为我们知道白矮星冷却速度很慢，且像手表一样精确。但是在现实中，白矮星的温度、亮度、直径以及组成这些信息并不能精确得到，因此不能很好地选择应用哪一种模型。我们能做的只有，要么得到一个可能的年龄范围，或者得到一个误差约10亿年的年龄。

在缺乏暗弱白矮星数据的情况下计算宇宙年龄

因为天文学家根据观测得到了所有的白矮星形成时的温度和亮

度范围，并且也很好地了解了白矮星的冷却速度，我们就能够通过测量亮度和表面温度确定其年龄——实际上是指它变成白矮星的时间长度。那么我们能从对白矮星的观测中得到什么呢？

亮度最低、温度最低的白矮星一定是年龄最大的。我们需要寻找全天空所有白矮星，找到亮度和温度最低的那个，并根据我们已知的冷却速度推算出其存在时间。若宇宙年龄非常久远，则一些白矮星会非常暗弱、冰冷。若宇宙还很年轻，就不会有这种暗弱冰冷的白矮星。

因为白矮星亮度太低不易被观测到，因此说起来容易做起来难。已知的亮度温度最低的白矮星，其亮度为太阳的 1/30000，温度仅为 4000K。即便这样的天体距离太阳很近，也很难被探测到。为了找到这些白矮星，天文学家需要特别大的望远镜收集足够多的光线。由于白矮星温度比较低，天文学家也同样需要非常灵敏的可以在红外波段工作的探测器。最后，由于这样古老的白矮星比较少见，天文学家需要观测大面积的天空，之后分析大量数据，来提高找到它们的概率。尽管花了几十年时间进行观测，天文学家还是无法发现亮度低于太阳 1/30000 的白矮星。天文学家缺少必要的大型望远镜，能够一次观测大面积天区的足够灵敏的探测器以及强大的计算机硬件。虽然没有发现超级暗弱的白矮星，但是可以解释为由于技术局限，这样的白矮星暂时还不能被观测到。

有了现代的望远镜和灵敏度极高的探测器以及现代计算机技术，天文学家已有能力观测到亮度低于太阳 30000 倍，且温度低于 4000K 的白矮星。斯隆数字巡天提供了白矮星最精确的数据，这些数据表明这样的白矮星是不存在的。银河系的恒星年龄太小了。宇宙的年龄一定小于 150 亿年。

对于最暗弱，温度最低的白矮星的最佳估算显示，它处于白矮星冷却阶段的时间在 85 亿~95 亿年。考虑到观测误差，该年龄应该在 80 亿~100 亿年。看来我们已经在为宇宙的年龄设定一个上限的道路上了——如果我们在银河系中的本地邻居能够代表整个宇宙的话。

根据太阳系附近的白矮星族群确定宇宙的年龄

由于白矮星的内禀亮度很低，事实上我们所观测到的白矮星都距离太阳很近。因此它们的年龄提供了银河系星系盘中恒星年龄的上限。因为这些恒星必须走完主序生命才能变成白矮星，那么银河系的年龄就是变为白矮星的恒星的主序年龄加上至少 80 亿~100 亿年的白矮星年龄。年龄最大的白矮星是那些最早变为白矮星的，由于这些白矮星应该是来自于质量最大的恒星，已经走过红巨星、行星状星云到达白矮星阶段，我们能推断其主序年龄在 3 亿~10 亿年。

下一个任务就是估算从宇宙形成到银河系中第一颗恒星形成之间的时间。主流的推测是 10 亿~20 亿年。因此，从太阳附近的白矮星推测宇宙的年龄大概为 95 亿~130 亿年。

从温度最低的白矮星推测宇宙的年龄

银河系由两部分组成：星系盘和晕。星系盘上的恒星——太阳就是其中之一——比晕中的恒星运动速度要慢一些，且总是在围绕银河系中心的轨道上运行。晕中的恒星的空间速度更大一些，并不像其他恒星一样绕着中心运动。在太阳四周 28 秒差距的地方有一个被命名为 WD0346+246 的白矮星。其温度很低，速度很高且不围绕银河系中心运动，它被认为来自于银河系的晕，只是恰巧经过太阳周围。

研究星系形成的天文学家认为，晕中恒星的形成要早于盘上的恒星。若真是这样，那么 WD0346+246 比我们周围的白矮星年龄都要大。数据显示其温度仅为 3780K，亮度为太阳的 1/70000 ~ 1/30000。基于这些数字，冷却曲线显示该白矮星年龄为 110 亿年，比银河系中其他白矮星年龄都要大。在此基础上加上几亿年的主序阶段生命以及宇宙形成至恒星形成的 10 亿 ~ 20 亿年的时间，从 WD0346+246 的测量中，我们推断宇宙的年龄为 125 亿 ~ 140 亿年。

根据球状星团中的白矮星推断宇宙的年龄

球状星团是由数十万颗恒星组成的系统，这些恒星形成于星系形成初期甚至宇宙形成初期，大量恒星爆发式形成的时间阶段。由于恒星之间距离很近，引力使这些恒星聚集在一起，以星团的形式渡过了漫长的岁月。在这样的星团中，最早消亡的恒星是质量最大的，爆发之后遗留下中子星和黑洞而非白矮星。最终，几亿年后中等质量的恒星也开始消亡，星团中的白矮星越来越多（在第 14 章会介绍如何确定球状星团的年龄）。假设球状星团是星系中最古老的系统，那么其中的白矮星很有可能就是星系中最古老的白矮星。

2002 年，一个团队利用哈勃空间望远镜在离太阳最近的球状星团（M4）中发现了银河系中迄今为止年龄最大的白矮星。这些白矮星的年龄在 100 亿 ~ 120 亿年。同样，这里边也缺少了宇宙形成到恒星形成之间的一段时间。此外，在 M4 形成到第一个白矮星形成之间需要几亿年的时间。因此，推断宇宙年龄在 115 亿 ~ 135 亿年。2007 年，同样是该团队发现了距离太阳仅次于之前星团的球状星团 NGC6397。该星团中的白矮星年龄是 115 亿年，与 M4 星团得到的年龄基本相同。

从白矮星观测到的宇宙年龄

白矮星的温度、亮度和冷却速率直接告诉我们白矮星的年龄。在此基础上，考虑到形成白矮星的恒星的主序生命，可以加上几亿年。加起来，我们可以确定银河系中恒星的年龄在 110 亿～130 亿年。我们也可以确定，若宇宙的年龄达到或者超过 150 亿年，我们应该可以观测到许多比目前这些温度和亮度更低的白矮星。我们的仪器设备已经足以观测到这种恒星，但是我们却并没有发现。宇宙还是太年轻了。因此，白矮星给出了宇宙年龄的一个下限和一个上限。

白矮星告诉我们，宇宙年龄远超过太阳、地球、月球以及最古老的陨石的年龄。实际上，白矮星的年龄在 110 亿～140 亿年，几乎是太阳和地球年龄的三倍。

第 14 章 球状星团和宇宙的年龄

球状星团的相对年龄之间的显著相似性，以及它们的绝对值接近 10×10^9 年，这对银河系和宇宙的历史产生了众所周知的影响。

——艾伦·桑德奇（Allan Sandage），“主序测光：球状星团 M3、M13、M15 和 M92 的颜色—星等图和年龄”，《天体物理学杂志》（1970）

我们知道恒星诞生于巨大的星际云之中，这些星际云有些形成了几十或几百颗恒星，而有些则形成了几万颗恒星。我们也从新生恒星的星团观测中了解到，星团的形成，也就是从第一个恒星形成到最后一个恒星形成之间最多为几百万年。除了最年轻的星团外，星团的年龄（亿万至数十亿年）远大于单个星团中所有恒星诞生的总时间（几百万年）。因此，除了最年轻的新生星团之外，我们可以非常合理地将任何单个星团中的所有恒星都视为具有相同的年龄。

疏散星团和球状星团

在多数疏散星团中，每个恒星产生的引力拉力对星团中其他恒星的作用很小，不足以使恒星长期聚集在一起。因此仅仅在几亿年后（天文学家对于时间短的定义很奇特），疏散星团中恒星的随机运动导致星团膨胀。运动速度最快的恒星会脱离星团，使其总质量减少，从而更难以使恒星聚集在一起。不可避免的是，其他恒星也会逐渐脱离，最终导致星团完全分散。

另一方面，球状星团有足够的恒星，其质量足以保证恒星聚集在一起。一个恒星可能在与其他恒星的任意碰撞中获得足够大的速度，使其脱离星团进入太空。但是这种情况所需的速度太大了，很少有几个恒星可以达到这种速度。就算是几十亿年后，几乎球状星团内的所有恒星依然在它们形成时所在的星团之中。引力能够使星团一直聚合在一起，而引力不足则会使星团分解，星团存在的时间还不如恒星的寿命，基于这种了解，我们想到一个简单却至关重要的问题：在哪种星团内可以发现年龄特别大的恒星？

显然疏散星团是不可能的。这些星团年龄比较小，不出意外的话，其中的恒星年龄也一定很小。尽管我们不能肯定球状星团中恒星年龄很大（在本章结束的部分会给出肯定的答案），但是它们有可能是这样的。因此我们将注意力转移到球状星团。

等时线：物理年龄和生命周期年龄

我们必须牢记，任何一个星团中的所有恒星的物理年龄都几乎相同，但我们还需要记住，恒星耗尽其核燃料之后脱离主序成为红巨星，最后成为白矮星，其速度取决于该恒星诞生时的质量。质量较大的恒星用尽能量，从主序一直到死亡的时间要比低质量恒星快很多。因此，恒星的年龄并不等于恒星生命周期的长度。尽管星团内恒星年龄相同，星团内可能包含各种阶段的恒星——很多矮星仍然处于主序，少数亚巨星，一小部分红超巨星以及少量白矮星——尽管它们的年龄相同。举例来说，40 亿年后，太阳以及所有质量小于太阳的恒星仍然在主序阶段，而大多数质量较大的恒星已经成了白矮星、中子星或黑洞。

天体物理学家能够利用对核聚变反应的了解，确定某个质量的恒星在任何时期的表面温度和亮度。过程是这样的：选择某一质量的恒星，比如是太阳的质量；计算出其年龄为 1000 万年时的温度和亮度；在赫罗图中标出其位置。该计算涉及一些描述引力、压强、温度、核聚变过程、热传递以及恒星的物质组成等的基本物理定律。现在想象一下这颗恒星继续发光发热 1000 万年。其内部物质组成只改变了一点，由氢聚变生成了氦。再一次计算恒星的表面温度和亮度，并标注出其在赫罗图上的位置。每 1000 万年的时间重复一次该步骤。唯一的限制因素就是你的计算能力。如图 14. 1 所示。

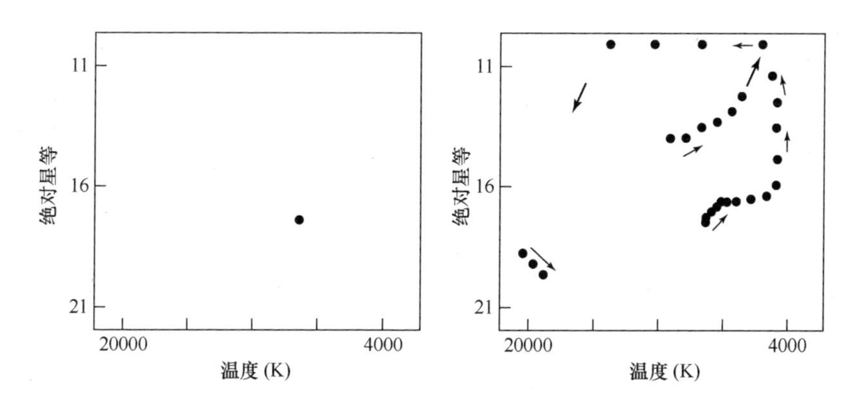

图 14. 1　左侧圆点表示新诞生的恒星的温度和绝对星等。右侧连续的圆点描述了恒星温度及绝对亮度的变化。首先其脱离主序，在赫罗图上向上攀升成为亚巨星，之后是红巨星；然后降到水平分支，又再次上升成为巨星；最终其抛出包层成为行星状星云，留下一个裸露的白矮星，逐渐冷却并消失。

用这种方法，随着恒星表面温度和亮度的变化，我们能够跟踪任何质量恒星在赫罗图上的生命周期轨迹。对太阳来说，图表上最初的七百多个圆点表示了其70亿年内的生命周期，太阳在主序中的温度和亮度一直保持不变。之后，这些圆点会记录太阳变为亚巨星，之后再到红巨星。如果要画一条这些圆点的连线，那么就画出了太阳在赫罗图上的轨迹。与太阳及其类似恒星相反，体积特别大、亮度特别高的恒星在大约1000万年就可能将核内燃料用尽，在2000万年的时候就变成了红巨星，按照我们的方法仅计算了两次。

更有效的方法是计算一个包含各种质量恒星的星团发生了什么。我们对各种质量（0.08~50个太阳质量）的恒星在年龄都是100万年的时候标出其在赫罗图上的位置。若将这些点连接起来，我们将该线称为100万年等时线。等时线就像一条主序带，从赫罗图的右下角到左上角。接下来，我们计算200万年恒星的温度和亮度；若标出所有的位置并连成线，这条线就是200万年等时线。这条线几乎正好在100万年等时线的上方，因为200万年后所有的恒星都还在主序上。我们可以继续用这种方法来观察整个星团的年龄。

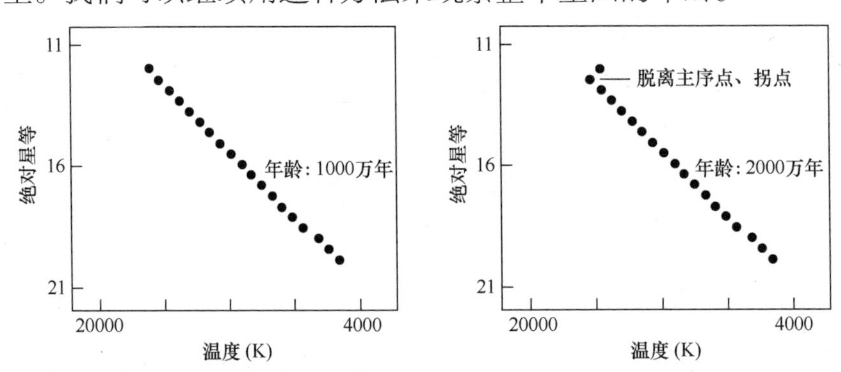

图14.2 星团处于不同年龄时的演化图。左上方图中，最初所有质量的恒星都在主序上。2000万年后（右上方），质量最大的恒星用尽了内部的氢，变为亚巨星。仍在主序上的最亮、质量最大的恒星标注了一个拐点和星团的年龄。在下面的图中，质量较小的恒星开始消亡，离开主序；而质量较大的恒星逐渐变为红巨星、行星状星云、最终变为白矮星。在任何单个图中，连接所有点的线称为等时线。

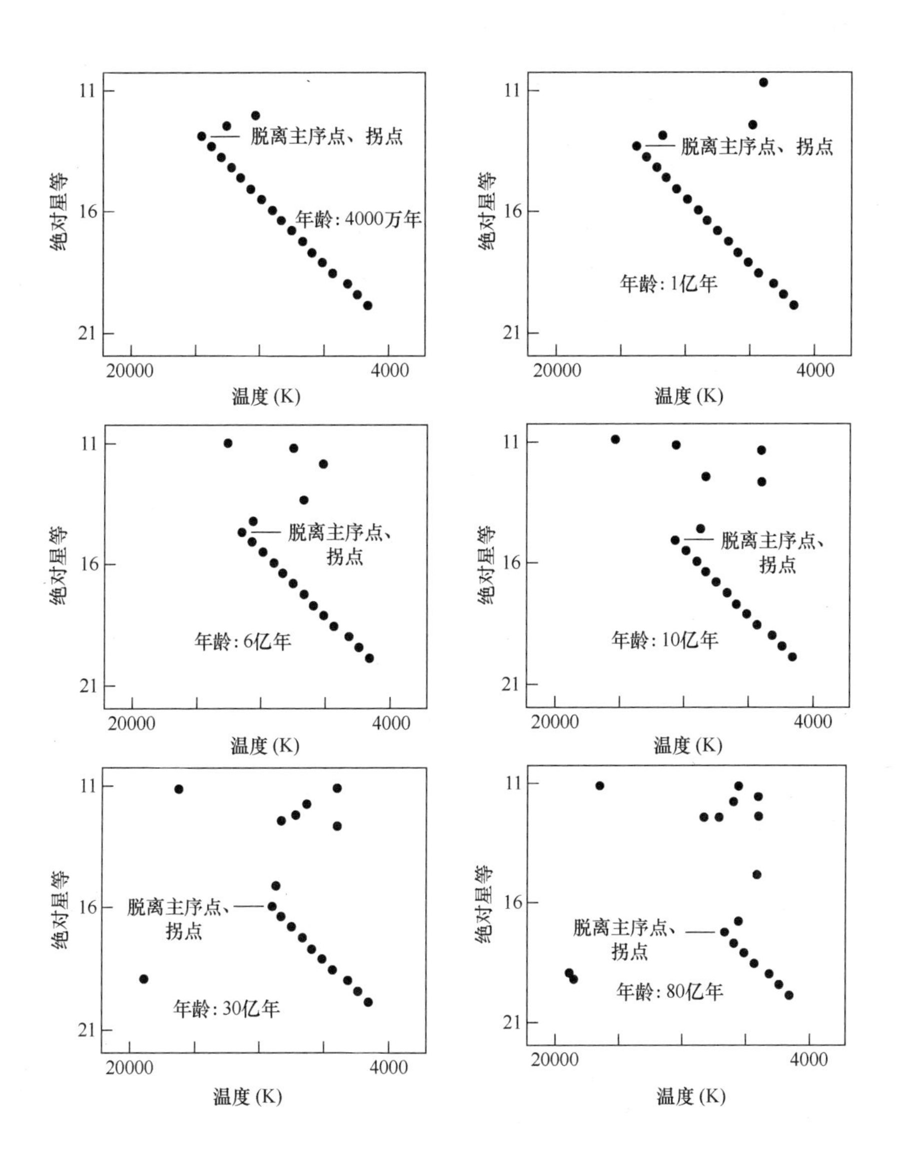

图 14. 2　星团处于不同年龄时的演化图。左上方图中，最初所有质量的恒星都在主序上。2000 万年后（右上方），质量最大的恒星用尽了内部的氢，变为亚巨星。仍在主序上的最亮、质量最大的恒星标注了一个拐点和星团的年龄。在下面的图中，质量较小的恒星开始消亡，离开主序；而质量较大的恒星逐渐变为红巨星、行星状星云、最终变为白矮星。在任何单个图中，连接所有点的线称为等时线。（续）

在只有几百万年的年龄的恒星中，我们将会在温度最高、亮度最大、质量最大的恒星上发现一种现象：离开主序，成为红巨星。一百万年的等时线始于主序的低部，一直沿主序向上延伸，经过一个拐点变为红巨星。质量最大的恒星现在成了红超巨星；质量稍小的恒星位于亚巨星支；再小一些的恒星处于红巨星阶段；质量最小的恒星还是主序星。在6亿年后，更多的恒星脱离了主序。经过很长时间后，我们会发现主序变短了，从赫罗图的左上到了右下。

拐点

主序星脱离主序变为巨星的点被称为拐点。拐点确定了星团的年龄。我们只需测量拐点的位置。对于一个年轻的星团，拐点位于主序带上比较高的位置（高亮度、高温度）。随着星团年龄的增长，拐点沿着主序向温度低、亮度低的方向移动。

拐点可以帮助计算恒星年龄。首先，天体物理学家仔细观测星团中的恒星，以便尽可能多地标注出它们在赫罗图上的位置。之后，将赫罗图与等时线进行比较，找到最匹配数据的等时线。这条等时线就给出了星团的年龄。疏散星团的年龄同星系和宇宙相比十分年轻，昴星团的年龄大约是1亿年，毕星团的年龄大约为5亿年。球状星团的年龄更大一些。杜鹃座47星团年龄约为120亿年，而M55的年龄是125亿年。

理论等时线的计算是非常复杂的，而且需要测量的几个恒星性质是很难通过观测获得较高的准确度的。比如说，恒星的准确物质组成（恒星中氢/氦/铁所占的比例是多少?）会影响恒星的温度和亮度。假设一个质量等同于太阳的恒星完全是由氦元素组成。该恒星无法通过质子链反应、3-α 过程或是其他核聚变反应来获得能量。打一出生，它就会变成白矮星，一个不寻常的白矮星。就我们所知，并不存在完全由氦元素组成的恒星，所有恒星的元素组成都非常接近。

在像太阳一样的恒星内，71%的质量是以氢原子的形式存在，27%是氦原子，2%是由其他元素组成（天文学家通称它们为金属元素）。由于质量较大的恒星将氢聚变为氦，将氦聚变为质量更大的元素，又在消亡时将这些聚变产物抛射到太空中，几十亿年时间后，银河系中的气体充满了由氢形成的重元素。因此，我们推测星系中较为年轻的恒星，相比于年老的恒星，它们会有更少的氢、更多的氦、碳以及氧。相反（第 24 章），星系中最老的恒星，由于形成于只有氢和氦的星际云之中，其组成中几乎只有氢（75%）和氦（25%），其他原子很少。氢与氦的精确比例，以及金属元素的数量会在通过观测拐点计算球状星团年龄时造成高达几亿年的误差。由于所有通过球状星团拐点计算出的年龄都是 100 亿、110 亿或是 120 亿年，因此，几亿年的误差也仅仅相当于百分之几的误差。

最古老的球状星团的年龄

2009 年，ACS（高级测量照相机）星系际球状星团探测项目团队使用哈勃太空望远镜在银河系确定了 41 个平均年龄为 128 亿年的古老球状星团。他们认为，银河系中的这些球状星团形成的速度是“很快的”，仅持续了大约 8 亿年。其中最古老的球状星团形成于约 132 亿年前，而最年轻的形成于约 124 亿年前。

球状星团 NGC6397 位于距离地球 2.2 千秒差距（7200 光年）的位置，包含 40 万颗恒星，是距离地球第二近的星团。它的年龄是多大呢？其在赫罗图的拐点位于 130 亿~140 亿年附近。本该位于主序的恒星已经不在那里了——它们已经变为了红巨星。利用主序拐点方法测量出的该星团年龄在 127 亿~139 亿年之间。NGC5904（M5）是已知最大的球状星团之一，位于 7.5 千秒差距（24500 光年）的位置，其拐点和年龄都与 NGC6397 相似。NGC6752 是另外一个相对比较近的星团，距离为 4 千秒差距（13000 光年），拐点表明该星团年龄非常大，最新的测量表明其年龄为 134 亿年（123 亿~145 亿年之间）。

基于这些测量数据，NGC6397、NGC5904 和 NGC6752 这些球状星团应当是已知的最老的星团。但是这些结果的准确度有多高呢？其元素组成（它们包含多少氦元素？有多少比氦质量更大的元素？）并不是唯一难以测量，易于导致误差的参数。另外一个能导致误差的因素是我们天文测量的精确度。比如说，这些星团的距离有多精确？星系和望远镜以及星团间有多少尘埃？同样我们对理论物理的理解还有欠缺。在某一压强和温度下，核反应的速率到底是多少？热量从内部传递到表面的速率是多少？2003 年，凯斯西储大学的天体物理学家劳伦斯·克劳斯带领的团队尝试确定所有这些误差，并推断银河系中年龄最大的球状星团年龄为 104 亿~160 亿年之间。在此基础上，与数据最相符的年龄是 126 亿年。

最终，我们无法利用主序拐点将球状星团的年龄精确到百万年、千万年乃至一亿年。然而，我们能确定地说，这些恒星年龄都超过了 100 亿年，且极有可能为 130 亿年。我们也能肯定，这些恒星年龄不足 160 亿年，很有可能不足 150 亿年。

银河系的年龄

研究星系形成的天体物理学家相信，早期宇宙物质聚集在一起形成星系，之后很快就形成球状星团这类天体。因此，球状星团的年龄不能代表宇宙或是银河系的年龄，但是却提供了一个下限。为了确定银河系的年龄，我们必须回答另外一个问题：在银河系形成和最古老的球状星团形成之间经过了多长时间？

为了回答该问题，我们发现银河系形成的物质应该是由宇宙初期的物质组成：很多氢、氦，很少的锂，没有其他元素（见第 24 章）。氢就是普通的氢原子，包含一个质子和中子，也有一小部分氘。氦原子大部分是^{4}He，有少量的^{3}He。宇宙早期形成的 Be 元素大多是^{8}Be（四个质子、四个中子），是非常不稳定的。这些^{8}Be 无法在宇宙形成初期幸存。而较为稳定的^{9}Be 是不可能在宇宙初期形成的；因此，所有的^{9}Be 都是在超新星爆发时发生的核反应中形成。所有的星系早期形成的超新星一定是来自于质量特别大，生命周期很短的恒星；当这些恒星消亡，它们产生并向星际空间中释放少量的^{9}Be。随着一代又一代的恒星不断形成再消亡，星际介质中^{9}Be 的数量不断增加。因此，新生恒星的组成中会有比之前更多的^{9}Be。

确定银河系形成与其中最古老的球状星团形成之间时间的一种途径是测量最古老星团恒星中铍（Be）的数量。若其中含有 Be，那么在此之前一定还有别的恒星。含量中 Be 的数量越多，在此之前的恒星就越多。答案是：NGC6397 中最古老恒星中 Be 的含量为每 2.2×10^{12} 个氢原子中有一个 Be 原子。天体物理学家推断该含量形成所需的时间为 2 亿～3 亿年的时间。因此，若已知年龄最大的星团形成于130亿年前，那么银河星系开始形成由铍等轻元素合成的恒星的那一刻是那之前的十亿年的三分之一，即3亿年，那么银河系的年龄至少为132亿~133亿年。我们可以合理地得出结论，从银河系中的第一批恒星诞生到最古老的球状星团的形成，约有数亿年的时间。具体几亿年则还在争论中。我们知道，在大约第一个球状星团出现之前，大约已经经过了一段时间，但是这种知识并不能帮助我们更准确地确定星系或宇宙的年龄。

尽管我们得到的银河系最古老的球状星团的年龄是有误差的，但这确实为宇宙的年龄提供了一个独立的估算，宇宙的年龄是与通过温度和亮度测量出的星系中最古老的白矮星年龄紧密相连的。这种相关性证明我们探索问题的方向是正确的。

III.

宇宙的年龄

第15章 造父变星

值得注意的是……越亮的恒星光变周期越长。

——汉丽埃塔·斯旺·莱维特，《麦哲伦云中的1777个变星》，《哈佛大学天文年鉴（1908）》

在本书的第Ⅱ部分，我们追随着天文学家解密恒星天体物理学的脚步，发现只要我们理解了恒星如何发光以及它们如何起源与灭亡，我们就能通过两种不同的方法了解到白矮星和球状星团的年龄，而这些恒星可能是银河系甚至整个宇宙中最古老的恒星中的一部分。利用这些方法，我们得到了银河系中的一些白矮星和球状星团的年龄，从而为我们提供一些独立且一致的数据，来计算出宇宙可能的最小年龄（因为宇宙至少要比银河系中最古老的恒星存在得更早一些）。现在，在第Ⅲ部分，我们将进一步探索银河系之外的宇宙，希望能发现可以使我们准确算出宇宙年龄的测量方法。探索遥远宇宙的第一步，天文学家首先必须明确银河系并非宇宙的全部。汉丽埃塔·斯旺·莱维特认证了大麦哲伦云和小麦哲伦云中一系列的造父变星，为这个里程碑式的发现奠定了基础。

莱维特1892年毕业于拉德克利夫学院，1893年来到哈佛大学天文台当志愿计算人员。不久以后，爱德华·皮克林分配她去做变星的认证工作，变星就是光度随时间变化的恒星。她很快成了这方面工作的专家。三年的无偿工作后，她向皮克林递交了一份调研结果总结报告。然后她离开了剑桥（哈佛大学所在地），接下来两年时间在欧洲旅游，然后在威斯康星州比洛伊特学院当了四年多美术老师。最后，在 1902 年夏天，她联系到皮克林并获得允许，继续从事认证变星的工作。皮克林显然对于她之前的工作很是满意，爽快地向她提供了一个每小时工资 30 美分的全职工作，这比标准工资每小时多出 5 美分。皮克林做出的这个决定是非常正确的。到劳工节之前（九月的第一个星期一），莱维特重新回到剑桥工作，这之后她所做的工作是 20 世纪天文学的重大发现之一：她的发现不仅是之后测量宇宙年龄的其他方法的基础，同时也为宇宙膨胀的最终发现奠定了基础。莱维特的照片见图 15. 1。

图 15. 1　汉丽埃塔·斯旺·莱维特，图片由美国物理学会埃米利奥·塞格雷图片档案室提供。

变星

1893 年，天文学家就已经意识到宇宙中存在着很多不同种类的变星，虽然他们仅了解变星大家族中的一小部分。第谷·布拉赫1572年发现了第一颗变星，当时他认为自己发现了一颗新星，因为在那之前那个位置并没有任何恒星。这颗星——现在被称作“第谷超新星”——逐渐褪色变暗，仅一年后，它便从人们的视线中消失了。20年后，大卫·法布里修斯发现了第一颗周期性变星，蒭藁（chú gǎo）增二。蒭藁增二定期地消失与出现，它的变化周期——即这颗恒星从最亮到最暗，然后重新变为最亮所需要的时间——是332天。

到了1836年，也就是第谷发现第一颗变星的250年之后，天文学家发现的各种类型的变星总共仅有26个。然而，天文照相技术的出现增加了天文学家的胜算，他们可以通过对比不同时期（天、周甚至年）对于同一地区拍摄的照片，从而发现天体的变化，由此，在19世纪90年代前，人们发现了几百颗变星。很快莱维特自己就可以每年认证出几百颗变星，包括许多造父变星，这些变星对于人们获知宇宙的大小、年龄和结构有着至关重要的作用。

造父变星

汉丽埃塔·莱维特发现的造父变星原型是约翰·古德里奇1784年发现的仙王座δ星。然而，它却不是被发现的第一颗造父变星。这个荣誉属于天桴四，它是被古德里奇的朋友和邻居爱德华·皮戈特在同年早些时候发现的。天桴四最亮的亮度仅是其最暗的亮度的两倍多，光变周期为7. 177天。仙王座δ星的光变周期为5. 366天。天空中最亮的造父变星是北极星，它的亮度变动幅度仅为3%，光变周期为3. 97天。

造父变星由亮变暗到又变亮的周期是几天或是几周，但它们不仅仅是亮度发生改变，它们的颜色和温度（因此是光谱型）也会发生变化，当它们变亮时会变得更冷更红，变暗时温度升高、颜色变黄。此外，造父变星与其他变星不同，它们以独特的方式变换亮度，其特殊性取决于光变周期。例如，短周期造父变星（光变周期小于等于 8 天）变亮的过程要比变暗快，而且从它们最暗的时候起变亮的过程比较稳定，而当它们从最亮的时候开始变暗的过程虽然持续却不稳定。开始的时候它们显然是以固定的速率变暗，但是当过程进行了三分之二后，变暗的速度会略有减缓，之后进行到 75% 时，速度会提高，重新快速变暗。尽管这种过程比较古怪，但也是反复循环有规律的，这是短周期造父变星的标志。长周期的造父变星会遵循它们变换亮度的独特模式，这些模式也会随着周期的改变而改变。

秘鲁的观测

1879 年，一个看似对天文毫无兴趣的波士顿工程师尤赖亚·博伊登，留下了一份古怪的遗产：他留下了近 25 万美元给任何一所天文研究机构，只要这所机构可以在足够高的地面上建立一个天文望远镜，以取得比在地球表面厚重的底层大气下更为精确的观测数据。1887 年，爱德华·皮克林为哈佛赢得了这笔博伊登基金，并于 1891 年在秘鲁的阿雷基帕，海拔 8000 英尺的地方建立了天文台。在两年的时间里，阿雷基帕的天文学家们将获得的南部星空的照相底片发送到波士顿。天文台的负责人梭伦·贝利开始了对于半人马座（最大的球状星团之一）的长期研究，到 1901 年共发现了半人马座中的 132 颗变星。

除了观测许多常规的天体之外，阿雷基帕天文台还观测了两个只能从南半球观测到的星团。安东尼奥·皮加费塔是一个水手并负责记录航海日记。1519 年，在他与斐迪南·麦哲伦去西印度群岛的航行中，他发现了这两个星团，并将它们命名为“小星云”和“大星云”，也就是今天的“小麦哲伦云”和“大麦哲伦云”，它们都是银河系的卫星星系（虽然在 1900 年的时候人们都不认为它们是星系）。

在 1904 年早期，莱维特在小麦哲伦云的一系列照片底片中发现了几颗变星。到了年底，她在大小麦哲伦云中发现了几十颗变星。之后，她发现变星的频率提升到了每年发现几百颗，最终，她共发现了 2400 颗这种变星。1908 年，莱维特以她自己的名义在《哈佛大学天文年鉴》中发表了论文“麦哲伦云中的 1777 颗变星”。对于她发现的这所有的变星，她都可以测出“目前为止可观测到的最亮及最暗的星等”，但她只对论文中的表六列出的 16 颗变星测出了光变周期。“这些变星绝大多数的光变曲线，在形式上与星团内的变星有着明显的相似性，”莱维特写到。这也就是说，这些变星也是造父变星，只是它们还没有被如此命名罢了。至于这 16 颗恒星，她补充道：“值得注意的是，在表六中，越亮的恒星光变周期越长。”以现在的角度回顾历史，可以说，莱维特的这些话是所有天文学文章中最低调且最重要的语句之一。

周光图

四年后，莱维特将她对于小麦哲伦云中变星的研究总结为简短的三页论文《小麦哲伦云中的25颗变星的光变周期》，这篇论文以爱德华·皮克林的名义在《哈佛大学天文通告》中发表，但是皮克林在第一句中提到“以下内容由莱维特小姐撰写”。莱维特集中精力专门研究1908年发现的16颗变星以及新发现的9颗，这些都与“球状星团中发现的变星相似：缓慢降低亮度，停留在最暗时期的时间最长，之后迅速提升到最亮的亮度”。这些都是造父变星，莱维特发现的那些变星的光变周期由1.25天至127天不等。她之后写道，由于有独特的特征限制，“我们注意到，这些变星的亮度与它们的光变周期之间具有高度相关的关系，越亮的恒星光变周期越长”。这也就是说，越亮的恒星闪烁的速度越慢，而较暗的恒星则闪烁得较快。对于天文学家来说，可以表现这种相关性的图表就叫做“周光图”。莱维特敏锐的洞察力造就了这一重要的发现。文章还提到：“由于这些变星距离地球的距离可能几乎一样，所以它们的光变周期显然与实际的发光量有关。”

在1912年，天文学家并不知道小麦哲伦云距离地球有多远，但是因为它是一群恒星的集合，很显然与其他星团一样，变星之间的距离与地球到小麦哲伦云之间的距离相比，是微不足道的。所以，虽然莱维特不知道她发现的25颗变星的内禀亮度，她仍然可以对它们的视亮度进行直接比较，并准确地得出结论：这些恒星视亮度的变化与它们绝对亮度的变化相同。看起来比较亮的恒星确实比较亮，而看起来比较暗的恒星也确实比较暗。她也可以确定地说，一个给定星团的（造父）变星，从它光能输出最大值至最小值后又回到最大值的周期，决定了这个恒星的绝对亮度。

莱维特的发现说明了什么？对于任一个造父变星，如果我们测量出它的光变周期，我们就可以知道这个恒星的绝对星等。又因为我们可以直接测量出造父变星的视星等，我们就可以结合其光变周期（可由此得出恒星的绝对星等）和视星等，从而计算出它的距离。这无疑是一个巨大的发现。但在1912年，存在着一个重要的问题：莱维特不知道从地球至小麦哲伦云的距离，所以她无法得知任何一个造父变星的绝对星等。她的周光图未能得到标准化。

这种情形类似于，已知一队不同类型的汽车模型，每一个的油箱容量都不同，但是有相同的运费率（每加仑英里）。你只有知道运费率是什么，才能计算出对于每一辆车的油箱容量，其所能驾驶的最远距离。对于造父变星来说，周期与光度的关系使我们能够计算出任一个造父变星（或者包含某个造父变星的天体）的距离，但前提条件是我们必须首先通过计算某一恒星的距离从而得到其绝对星等，来校准周光图。

莱维特是认证变星的专家，但是她仅局限于对于恒星的认证，并没有尝试设计一种新的天文学课题，来测定某个或者更多星团变星的距离。在“她的”1912年坦率谦虚的论文中，她只能写道：“同时人们期望，能够测量出一些这种变星的视差。”使周期与光度关系标准化的工作只能由其他人来完成。

星团变星

与莱维特发现小麦哲伦云中造父变星同一时期，梭伦·贝利在皮克林的另一位女性助手伊夫林·利兰的帮助下，发现了银河系球状星团中的另外一种变星。这些变星与球状星团密切相关，贝利将其命名为星团变星。这些变星曾被莱维特在1908年引用到，她说

“造父变星的大部分光变曲线在形式上与星团变星的十分相似”。

造父变星和星团变星的最大区别在于周期。造父变星的周期范围从几天到几个月，而星团变星的周期则为几个小时。到 1913 年，贝利基于 110 个变星周期和亮度的测量数据，可以肯定所有星团变星的周期都在四个小时至一天之间，并且其亮度基本相同。贝利也在球状星团中发现了一些造父变星。

校准周光关系

赫茨普龙在莱维特发现周光关系之后马上计算出了造父变星的距离。尽管星团变星的距离不允许采用传统的视差法进行测量，但是天文学家发明出一种叫做统计视差的方式，被赫茨普龙用来测量了 13 颗恒星，包括他认为与造父变星和莱维特认证出的小麦哲伦云变星相似的北极星和仙王座 δ。他将其命名为我们一直以来所用的造父变星。根据其统计视差的结果，他还测量了小麦哲伦云的距离，据此校正了莱维特的周光关系。

这种统计视差利用了地球随着太阳以 20km/s 的速度相对于太阳临近恒星运动的特点。地球—太阳系统每年的位置变化大概是 4AU。因此，观测者测量的恒星运动基线增长了 40AU/十年。多年后，随着太阳和地球位置的改变，恒星的运动方向发生了改变；然而恒星实际运动方向是没有变化的。由于太阳—地球系统运动而导致的恒星运动方向的变化，对近距离恒星的影响更明显。

赫茨普龙利用这种方法测量了临近的造父变星的距离，发现周期为 6. 6 天的造父变星的绝对星等为-2. 3，也就是比太阳亮度高了 630 倍。当他将该数据应用于莱维特的周光关系时，他发现小麦哲伦云中造父变星的距离相当于10千秒差距（相当于33000光年）。令人惊奇的是，到1913年为止，已经确定的距离最远的天体为毕星团，其距离为40秒差距（130光年）。赫茨普龙利用莱维特的周光关系和他对银河系中13颗变星的测量，得到的距离比其他天文学家要远了250倍。

现在我们知道赫茨普龙低估了造父变星的绝对星等，因而也低估了小麦哲伦云的距离。1917年，在威尔逊山天文台工作的哈罗·沙普利（在下一章还会提及此人）重新做了赫茨普龙的三角视差校准，然而他认为其中的两颗恒星的光变曲线是非典型的，因此不能和其他的归为一类，所以他只用了十三颗恒星中的十一颗（他认为另外两颗恒星并非造父变星，而是另一种不同的变星）。他发现周期为5.96天的仙王星的绝对星等应该是-2.35，与赫茨普龙的结果十分相近。沙普利随后绘制了一幅这十一颗恒星周期和视光度的图表，并用周期为5.96天的造父变星的绝对星等制成了新的周光图。

根据这种校准，沙普利计算了造父变星亮度的更精确的数值，与当代测量相比，仅低估了约10倍，并由此算出小麦哲伦云的距离为1.9万秒差距（60000光年）。三十年后，天文学家才将造父变星亮度校准至误差为百分之几；沙普利的结果虽然不太准确，却也是天文史上对小麦哲伦云距离测量的一大进步。

在接下来的三十年，很多天文学家肯定了沙普利的工作，但事实证明，他们都错了。直到20世纪50年代（见第20章），天文学家才发现沙普利和其他人在20世纪20至40年代校准的周光图上的恒星分为两种不同的造父变星，现在它们被分为两类，Ⅰ类亮度较高，Ⅱ类亮度较低，而那些周期较短的星团变星并非造父变星

（天琴座 RR 型变星）。莱维特在小麦哲伦云中发现的造父变星是第Ⅰ类造父变星；沙普利在校准中使用的是第Ⅱ类。两种类型的内禀亮度相差了 1.5 星等，因此在周光图上并非是一条线，而应该是两条不同的线。沙普利错误地利用亮度较低的Ⅱ类变星对Ⅰ类变星的亮度进行校准。他将Ⅰ类变星的绝对星等低估了 4 倍，因而将距离低估了 2 倍，如图 15.2 所示。到 20 世纪 50 年代，天文学家才能够确定小麦哲伦云中造父变星的内禀亮度，得出的距离是之前的两倍多。

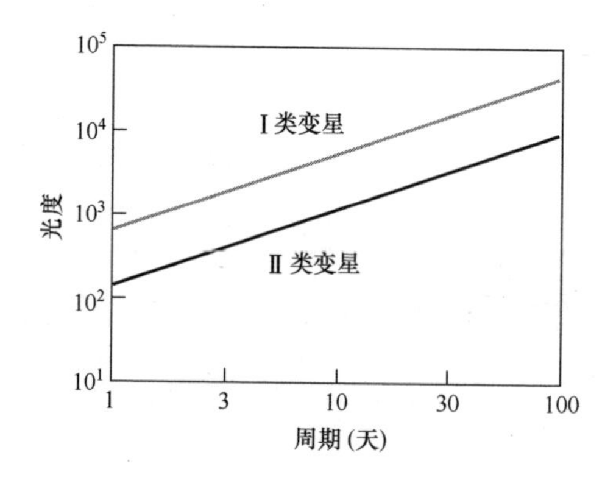

图 15.2 现代的两类造父变星的周光图。Ⅰ类造父变星比相同周期的Ⅱ类造父变星亮 4 倍。

由于这项工作十分重要，天文学家不断努力以提高周光关系的校准精度。在莱维特发现后近一个世纪，经过赫茨普龙和沙普利首次校准，天文学家现在有信心将数据精确到百分之几的误差。基于此数据，迈克尔·费斯特和罗宾·卡奇普尔在 1997 年计算出大麦哲伦云的距离为 55 千秒差距（180000 光年），小麦哲伦云的距离为 64 千秒差距（210000 光年）。最终证明，尽管赫茨普龙和沙普利都得到了正确的量级，正确的成分大于错误的成分，但是对于大小麦哲伦云距离的测量，赫茨普龙的误差为六倍，沙普利的误差为三倍。多亏了莱维特发现的变星，天文学家正处于探索的至关重要的阶段。首先，漩涡星系中造父变星的分类使得天文学家能够测量这些恒星的距离，证明了漩涡星系的距离是很遥远的；其次，星系距离和速度之间的关系导致我们发现了宇宙的膨胀。最终，宇宙膨胀的测量能够为我们提供测量宇宙年龄的另外一种方法。

第 16 章 一个球状星团的不规则系统

我们发现球状星团延展的不规则系统的中心位于银河系的盘状结构上……暂且推断与中心的距离为 13000 秒差距。

——哈罗·沙普利，“星团颜色和星等的研究。第七篇论文：69 个球状星团的距离、分布以及大小”，《天体物理学杂志》(1917)

19 世纪天文学界的主要研究集中于光谱学的发展、哈佛光谱分类以及赫罗图。但是在 20 世纪初期，19 世纪天文学中最大的困惑仍未被解决：漩涡星云的本质是什么？是“岛宇宙”，也就是现在所谓的星系；还是银河系内部的星云？更直接地说，银河系就是整个宇宙还是宇宙中众多星系之一？

岛宇宙之争

有关漩涡星云性质的争辩始于 1845 年，当时爱尔兰天文学家威廉·帕森斯（罗斯勋爵）描绘出了梅西耶星表中一个星云状天体的草图，也就是 M51，清楚地显示了其漩涡状结构。1842—1845

年，罗斯勋爵建造了当时世界上最大的望远镜。该望远镜的镜面直径有 6 英尺，由于建在爱尔兰的博尔城堡附近的帕森斯顿，被世人称为帕森斯顿的利维坦（庞然大物的意思）。在此技术基础上，罗斯勋爵能够看到其他天文学家没能看到的天体细节，并很快描绘出 M33、M99 和 M101 的漩涡状结构。每个漩涡星云是否都是包裹在漩涡云胎盘中的新生恒星，且距离太阳较近足以使我们观察清楚其漩涡结构呢？或者，还是如同 18 世纪康德推断的，是距离较远的岛宇宙，每一个圆盘都由无数的恒星组成呢？

整整半个世纪，这场争论没有丝毫进展。最终在 1898 年有了进展，玻茨坦天文台的朱利叶斯·沙伊纳在经过 7.5 个小时曝光后发现，M31 的光谱与太阳的光谱相似。他解释道，若在远处观察银河系，它看起来像一颗恒星；沙伊纳还总结到，M31 是由一群恒星组成，由于距离比较远，就算是特别大的望远镜都无法分辨出单独的恒星个体。

得分：岛宇宙 = 1，本地形成恒星的云 = 0。

漩涡星云争论中另一个比较重要的测量是于 1912 年由洛厄尔天文台的维斯托·斯里弗得到的，他在 21 个小时曝光中获得了昴星团的光谱（被称为 NGC1435，是一个暗弱的疏散星团，体积与满月相当）。斯里弗指出，该光谱中不存在其他气体星云中存在的亮线（如猎户座），并且整个光谱和昴星团中最亮的恒星的光谱完全一致。他推测到，该星云中的光线可能是来自于其他许多距离较远的恒星；但是他不知道为何不同恒星的光线合在一起会呈现出单一的光谱类型。难道这些不同恒星的光线不应该呈现出一种混合光谱型吗？他正确地总结到，这个光谱中的光线一定是来自于经过恒星附近云团反射后的一个单一恒星。然而，对于这个结果，他错误地总结说“仙女座星云以及其他类似的漩涡状星云可能包含一个中心恒星，周围包围着物质碎片，物质碎片会反射中心恒星的光芒”。

得分：岛宇宙=1，本地形成恒星的云=1。

1913年，斯里弗报告测量到了仙女座的径向速度，并确定了其以最高的蓝移速度向太阳移动（300km/s）。他总结说，也许仙女座星云曾经遇到过一颗“暗星”，因此促使其以高速向太阳系运动。

得分：岛宇宙=1，本地形成恒星的云=2。

受到其测量到的仙女座“异常速度”的启发，斯里弗将其工作延伸至其他漩涡状星云的径向速度的测量。他发现所有星云的光谱都与仙女座相似，即看起来像是来自于一颗恒星，而非许多光谱类型的组合。到1915年，他测量到了其他10个星云的径向速度。其中一个，NGC221（即M32），在太空中位置看起来与仙女座非常相近，其蓝移速度与仙女座相同。其他9个漩涡星云的红移速度都在每秒100~1100km之间；尽管其他9个星云平均速度为550km/s且其中三个速度为1000~1100km/s，但是所有11个星团的平均速度为400km/s。由于漩涡星云的速度为天体平均速度的25倍，斯里弗认为漩涡星云是进化后的恒星，因为当时有理论称恒星的速度随光谱类型增加而增加，隐含着随年龄的增长而增长。

得分：岛宇宙=1，形成恒星的云=3。

球状星团的距离和银河系的形状

哈罗·沙普利于1914年获得博士学位，在著名的亨利·罗素的指导下对食双星系统进行研究。从普林斯顿毕业之后，他到了威尔逊天文台工作——当时世界上最大的望远镜，1908年建成的60

英寸反射式望远镜所在地。该望远镜中的主要的聚光设备是直径 60 英寸的碗状反射镜。几年后，1917 年，威尔逊天文台又建成了 1948 年之前最大的望远镜，直径为 100 英寸。直到 1948 年，才在圣地亚哥北部建成了直径为 200 英寸的帕洛马山望远镜。沙普利在正确的地点和正确的时间做出了伟大的研究。

沙普利在威尔逊工作的前几年，一直在研究造父变星，并试图在星团中认出更多的造父变星。天文学家很快意识到，造父变星的亮度变化是由于某些内禀性质，可能是因为脉动，而并非源于像日蚀这样的外部原因。它们被认为是亮度很高的恒星，因此能够在较远距离被观测到，特别是用大型望远镜。此外，只要愿意花费足够的时间用望远镜观测，造父变星由于独特的变化形式很容易被分辨。对于有能力且雄心勃勃的年轻天文学家沙普利来说，观测远距离的造父变星是一个很好的项目。他拥有大量的观测时间使用当时最大的望远镜。在沙普利的研究中，他思考球状星团是否也是银河系范围之外的岛宇宙。或者，就像人们渐渐达成的共识，它们也是在银河系内部的天体？由于球状星团内可以发现造父变星且周光关系图适用于所有包含造父变星的天体的距离，沙普利作为威尔逊天文台研究球状星团中造父变星的天文学家，希望能利用这些数据确定球状星团的距离，并以此解决岛宇宙的争论。

通过对造父变星的周光关系的研究，沙普利不仅计算出了小麦哲伦云的距离（19 千秒差距），还计算出了七个球状星团的距离（距离在 7~15 千秒差距）。同时，他还发明了两种测量球状星团距离的方法，二者都建立在所有球状星团足够相似，可以看作是相同的假设之上。

- 若球状星团都包含 100000 多颗恒星，每个星团的体积都在几十秒差距之内，那么若观测到每个球状星团都是相同的距离，则其空中张角也是相同的。因此，距离越远的星团体积看起来会越小，距离较近的星团看起来比较大。

- 若每个球状星团内的恒星都有同样的距离，且每个都包含无数的恒星，我们就能推断，每个星团中亮度最高的 25 颗恒星的平均亮度是相同的。因此，距离较远的星团的亮度看起来会比距离较近的星团要暗一些。

从三个独立的测量中——每个星团中造父变星的平均亮度（即周光关系），星团的张角以及每个星团中亮度最高的 25 颗恒星的平均亮度——沙普利利用周光关系计算出了每个球状星团的距离。他从由周光关系计算出的距离和另外两种测量方式计算出的距离中发现了显著的相关性。这种相关性表明，这三种计算方法都能够独立计算出球状星团的距离，但是只有一种方法必须依靠球状星团中的造父变星才能确定距离。因此，沙普利可以在不考虑造父变星的情况下利用另外两种方法测量球状星团的距离。

后来，沙普利将这种距离测量方法应用到其他 62 个还未认证出造父变星的球状星团中。其中有 21 个星团，既可以用星等方法，也可以用角直径方法测量。其他的 41 个星团，只能用角直径方法测量。最终，沙普利确定了 1917 年所有 69 个已知球状星团的距离。关于每个星团，他得到了三条信息：纬度、经度（天空中的位置）以及距离。他利用这些信息得出了球状星团的三维分布，发现太阳处在一个“离心的位置”，也就是说，出乎意料的是，太阳距离所有球状星团分布的中心十分遥远。事实上，在星团天空位置分布的图中显示，若有一条将天空一分为二的线，太阳正好位于其上；全部 69 个星团中有 64 个在这条线的一边；而其他 5 个星团在线的另一边。相对于银河系平面，球状星团平均地分布于银河系平面的上方和下方，但是都处于银河系平面中间位置 1300 秒差距（400 光年）以外。沙普利写道："我们可以肯定地说，银河系也是整个球状星团系统中一个对称的平面……我们已经发现不规则延伸的球状星团系统的中心位于银河系盘状结构之中。"就距离而言，球状星团的分布从太阳一直延伸至 67 千秒差距的位置，其中心位于射手座的方向。他总结说，其中心的距离为 13000 秒差距。1917 年 12 月的一天，沙普利断定宇宙的中心并非哥白尼 1543 年所说的太阳，他认为中心在银河系深处，大概位于 40000 光年远的地方。

根据沙普利的测量，小麦哲伦云的距离 19 千秒差距比银河系中已知最远的球状星团的距离近了三倍。他的研究直接证明了，小麦哲伦云以及像仙女座这样的漩涡星云是属于银河系的。

得分：岛宇宙=1，本地形成恒星的云=4。

飞转的漩涡一定在附近

同样工作于威尔逊天文台的荷兰裔美国天文学家范码南（Van Maanen）把研究矛头指向了岛宇宙理论。他的观测揭示了某些漩涡星云中恒星表面的自行运动，并在发表的论文中公布了结论，将观测重点转移到单一恒星沿旋臂长度和宽度的位置变化。这些结论似乎证明了物质沿着旋臂的物理运动。根据推理，若漩涡星云距离很远，考虑到其在天空中看上去体积很大，它们本身一定非常巨大；若它们很巨大，那么即使恒星以高速运动，其运动也不易被观测到。另一方面，若这些运动可以被观测到——范码南声称他观测到了这种运动——那么漩涡一定体积很小，且距离比较近。

1916年，范码南发表了其关于漩涡星云M101的结论，在接下来的七年中，又分别发表了对M33、M51、M63、M81、M94以及NGC2403的测量。这些结果都支持了沿旋臂方向的运动，包括一些径向外侧运动。1922年，范码南写道："这些方法都表明，视差为0.0001″至0.0010″之间的星云，它们的距离和体积太小，无法满足岛宇宙理论的要求。"这些视差对应的距离为1~10千秒差距，表明这七个漩涡星云位于沙普利所说的银河系范围之内。

得分：岛宇宙=1，本地形成恒星的云=11。

比赛结束，完胜。

在罗斯勋爵画出漩涡星云草图后的75年，这种争论渐渐消失了。斯里弗、沙普利以及范码南的研究积累了大量的证据，使得整个天文学界达成共识。漩涡星云是银河系的一部分。它们并非岛宇宙。银河系包围着整个宇宙。

几年后，新的观测证明该共识是完全错误的。

第 17 章 银河系被降级

现在的测量认为 NGC6822 是一个像小麦哲伦云一样的独立恒星系统，只是体积较小距离较远……且距离之远是一个新的量级。

——爱德文·哈勃，“NGC6822，遥远的恒星系统”，《天体物理学杂志》（1925）

20 世纪 30 年代，爱德文·哈勃在莱维特和沙普利的基础之上，更加深入地探索了宇宙。他观测到的事实给漩涡星云本质的争论画上了一个句号。

1906 年还是高中生的爱德文·哈勃曾经刷新了跳高项目的州际纪录。之后，他成了一名芝加哥大学的本科生，在获得罗兹奖学金之前，他是学校田径及篮球队的队员。作为罗兹奖学金获得者，他去英国就读于牛津女王学院，学习罗马法和英国法律。那时候他是一名田径，水球以及拳击的运动明星。1913 年，他回到美国本土，在印第安纳州的一所高中做西班牙语老师以及篮球教练。一年后，他重回芝加哥大学并在 1917 年获得了天文学的博士学位。博士论文答辩那天，他应征入伍，参加了第一次世界大战。他在法国作为上尉服役了很短的一段时间后迅速晋升为少校。1919 年退伍后，他接受了威尔逊天文台的一份研究漩涡星云的工作。他很幸运，因为当时世界上最大最好的 100 英寸胡克望远镜刚刚在威尔逊天文台建成。

仙女座的距离

1923 年 10 月 23 日，哈勃发现了漩涡星云的第一颗造父变星，迎来了他的伟大突破。他给沙普利，也就是当时的哈佛大学天文台主任，写了一封信，信中写到“您可能会对我在仙女座星云中发现的造父变星感兴趣……在过去的五个月，只要天气允许，我就一直在观测该星云，已经发现了九个新星和两个变星……”第二年，哈勃很好地利用了其能使用胡克望远镜的机会。他得到了 130 张仙女座的照片（观测了 130 个夜晚）以及 65 张另一个漩涡星云 M33 的照片。有了这些数据，他在每个漩涡星云中都发现了很多造父变星；并利用这些信息和周光关系确定了仙女座的距离。他的结果是：仙女座距离为 300 千秒差距（100 万光年）。如果哈勃是正确的，那么仙女座远在银河系之外。事实上它是一个岛宇宙，而沙普利关于宇宙体积和漩涡星云本质的结论是错误的。在与哈勃的争论中，沙普利指出，周期超过 30 天的造父变星是不可靠的（在沙普利的工作中，他几乎没有用到周期这么长的变星）。因为哈勃的数据中包含一些这种长周期的造父变星，因此测量出的仙女座距离一定是错误的。

1924 年下半年，哈勃写信给沙普利：“所有的证据都指向一个方向，也许考虑一下这些可能性没有害处。”沙普利回复道，“我不知我是应该遗憾还是开心……或者两者都有。”不管是悲伤还是开心，一切都已注定。1925 年 1 月 1 日，在美国天文学会及美国科学协会共同举办的会议上，亨利・罗素读了由缺席会议的哈勃提交的论文。亨利・罗素向大家展示了哈勃有关仙女座和 M33 的距离测量，二者距离均为 285 千秒差距（930000 光年）。这篇本该于 1925 年 4 月发表在《流行天文学》杂志中的论文，哈勃并未明确表明其结论：仙女座和 M33 都在银河系以外。哈勃获得了 500 美元的最佳研究论文奖，并迅速成为天文学界的主要力量。

研究仙女座的同时，哈勃还观测了一个类似云团的天体，也就是 NGC6822，根据其发现者巴纳德命名。巴纳德于 1884 年用范德堡大学 6 英寸的望远镜首次观测到该天体。通过研究 NGC6822 的 50 幅图像，哈勃发现了 15 颗变星，包括 11 颗周期为 12~64 天不等的造父变星。哈勃通过周光关系推测出该星系的距离为 250 千秒差距（700000 光年）。1925 年 9 月哈勃发表的文章对该研究进行了描述，他非正式但明确地指出 NGC6822 是首个确定在银河系之外的天体。

哈勃 1925 年描述的宇宙与沙普利 1924 年所描述的宇宙完全不同。一夜之间，银河系被降级了。银河系不再是整个宇宙，只不过是很多漩涡星系中的一个，与其他星云共同组成了宇宙。银河系的直径为 30~100 千秒差距（10 万~20 万光年）。岛宇宙，也就是其他星系，距离位于几十万~几百万秒差距之外。

十年的错误

整个天文学界，包括斯里弗、范码南、沙普利在内，他们是如何误入歧途的呢？斯里弗的测量没有问题，但他对测量结果的解释是错误的；他天真地以为所有的星云都是一样的，理解了一个就可以推广到所有星云。他是错的。一些星云（比如说，昴星团的星云）很小，距离很近，反射周围恒星的光线。而其他星云（仙女座星云）体积很大，且距离较远，包含无数颗闪亮的恒星。他的错误是可以避免的。

斯里弗知道，猎户座中包含昴星团所没有的亮线；猎户座光谱一点都不像恒星的光谱。但昴星团星云同其最亮恒星的光谱完全一致。尽管他还没有足够的信息证明，仙女座或其他漩涡星云的光谱到底是与其他星云相似还是独特的，但是他足以证明并非所有星云都是一样的。他的结论是“仙女座星云及其他类似的漩涡星云中心可能包含一个恒星，周围的物质靠中心恒星发光照亮”。该结论并没有足够的理论支撑。

范码南有关旋转星系的测量是华而不实的，没能被其他天文学家证实。他的测量是无法再现的，是错误的。由于他迫切想要证明自己的观点，使他误入歧途，在研究中发现的答案是他认为应该出现的，而非真实显现的。他的错误是由于科学不足。哈勃是非常和蔼的，至少在公众面前是这样。1935 年，在他看了范码南的工作后，哈勃好心地建议说，范码南的错误可以被解释为没能在测量工作中认识到系统误差。然而，范码南仍然坚持说“这种正面信号是非常明显的，在未来应当得到更多的研究”。

如斯里弗一样，沙普利的测量非常出色，但他做得还不够。在没能对造父变星完全理解的情况下，他试图用这些数据确定除了球状星团以外天体的距离。在接下来三十年中，天文学家们，尤其是 20 世纪 40 年代沃尔特·巴德的研究，表明沙普利所研究的球状星团中的造父变星比莱维特在小麦哲伦云中发现的亮度低了四倍。沙普利的错误是无法避免的。但是科学是不断自我纠正的，天文学的进步揭示了沙普利有关所有造父变星相同这一说法的错误性。

难以置信的是，尽管这些试图终止岛宇宙争辩的尝试是错误的，但是这些工作仍然为哈勃的下一步研究奠定了基础：宇宙不仅比之前想象的要大许多，宇宙还在不断膨胀。对宇宙有一个新的认识的时机已经成熟，科学家们将发明一种测量宇宙年龄的新方法。

第 18 章 引力带来的麻烦

如果无穷的空间中真有许多的太阳，且它们平均分布，或是在不同的天体系统内，如银河系，那么其数量一定是无穷的，则整个苍穹的亮度将会和太阳一样明亮……

——海因里希·奥伯斯，《论空间的透明度》，1823，由爱德华·哈里森《夜黑：宇宙之谜》中引用（1987）

1925 年哈勃的宇宙引发了一个天体物理问题：宇宙内的星系相互间的距离很远，在漫长的时间内，这些星系究竟发生了什么才使得大质量星系相距如此遥远？牛顿的引力定律形成于 1687 年，尽管已被爱因斯坦 1915 年的广义相对论所改进，但我们仍然可以用这一相对简单的引力概念理解最基本的引力问题。

牛顿的引力定律指出，宇宙中任意两物体间吸引力的大小取决于两物体的质量以及二者间的距离。质量较大的物体间吸引力更强一些，距离比较近的物体间吸引力也更强一些。当涉及哈勃新宇宙中的星系时，牛顿定律的两条性质至关重要：第一，凡是有质量的天体（比如，星系）之间作用力不可能为零，不论距离多远；第二，该作用力为吸引力，会拉近两天体的距离。

那么我们又要问了，随着时间的推移，宇宙中距离十分遥远，质量巨大的星系之间到底发生了什么？对于两个距离为几十万秒差距的星系，它们之间的引力是非常大的。若宇宙是由平均间距为几十万秒差距的星系构成，且所有的星系都如同曲奇饼上的巧克力片一样固定在宇宙中——这种宇宙被称作静止宇宙——那么在极短的时间内，每个星系都会受到宇宙中其他星系的很小的引力拉力。对于每个星系来说，这些不同方向的拉力混合在一起，会形成一个单一方向上的作用力，该方向指向整个宇宙的质心。起初，每个星系开始缓慢向着中心移动；但星系的运动速度会由于持续的拉力而逐渐加快。最终，它们将以极大的速度向着质心运动，相互之间的距离也会越来越近。

毕竟，星系别无选择。整个 20 世纪，物理学界认识了四种作用力。（在第 21 章，我们将讨论 1997 年发现的暗能量，是引起宇宙加速膨胀的第五种作用力）其中两种作用力，强核力和弱核力，仅适用于原子范畴。在原子和分子的范围之外，电磁力是最重要的作用力；在距离更大时，引力起主导作用。在引力是首要作用力的宇宙中，天体之间的距离应当随着时间的推移而缩小。如果距离在缩小，就意味着天体在互相靠近。有没有别的可能呢？答案是肯定的，但是仅仅在宇宙无穷大，没有中心的条件之下才会有其他情形。在无穷大的宇宙内，每个星系会受到来自各个方向均衡的作用力。因此，总作用力为零，星系就不会也不可能移动了。

在 20 世纪早期，1925 年之前，银河系曾被认为是整个宇宙，漩涡星云则被认为是银河系中的小天体。整个假想的宇宙中最主要的天体是恒星。若它们在彼此靠近，那么位于其他恒星的观测者将会看到任何一个恒星发出的光线为蓝移。因此，只要天文学家位于恒星向宇宙中心运动的宇宙中，就会观测到恒星的光线都是蓝移。但事实不是这样。一些恒星为蓝移，一些恒星则为红移。总之，它们没有任何靠近或远离地球太阳的运动。没有证据表明构成宇宙主要成分的天体向着某个中心运动。如果恒星并没有互相靠近，那么宇宙一定是无穷大的。然而，20 世纪早期的天文学家坚信，宇宙并非无穷大。一定有其他的作用力存在，使恒星直接保持了足够的距离。

奥伯斯佯谬

有关宇宙并非无穷大的证据源于一个长达几世纪的佯谬。尽管历史学家已将这一佯谬追溯到 1610 年的开普勒，但还是习惯归功于 19 世纪早期的德国天文学家海因里希·奥伯斯。我们从一个问题开始，夜晚的天空为什么是黑的?

假想一个无穷大的宇宙，恒星或是星系不规则地分布在无尽的空间中，其年龄也是无穷大的。再想象一个很大但很薄的外壳包围着地球。该外壳与地球有一定的距离，在壳内有任意数量的恒星。壳内的恒星产生一定量的光线，这些光线向着地球以及其他方向照射。根据平方反比定律，我们接收到的光线的量与地球和外壳之间距离的平方成反比。总之，恒星的数量和与外壳距离的平方能让我们计算出从该外壳内获得的光线数量。再想象一个直径为其 10 倍大但厚度相同的外壳。直径为之前的 10 倍，则第二个外壳的表面面积是前一个的 100 倍，恒星的数量也是之前的 100 倍（因为在假想的宇宙中，恒星是均匀分布的）。由于直径为第一个外壳的 10 倍，壳外每个恒星与地球的距离比第一个远了 10 倍，在地球上观测，其亮度是原来的 1/100。因此，外层壳的实际亮度是之前那个壳的 100 倍，这是因为外层恒星的数量是内层的一百倍，但是看起来其亮度是内层的 1/100，这是因为距离为内层的 10 倍。结果就是如果我们假设宇宙的年龄足以使得壳上的光线到达地球，那么远处壳的亮度和近处的亮度差不多。若宇宙无限大，一定会存在无数个这样的壳。若宇宙年龄足够长，所有壳上的光线都能到达地球。所有的光线合在一起成了夜空的亮度，该亮度应当是明亮的。但是夜空却是黑暗的。因此很明显，这里面一定有错误。

科学家对这一佯谬给出了很多种可能的解释。也许宇宙的年龄太小，不足以使得壳上所有光线都到达地球。但是又怎会在短暂的时间内形成无限大的宇宙呢？在 1925 年，关于宇宙年龄很短但体积无限大的解释是说不通的（直到今天这种理论也是没有道理的，不过一个年轻但体积巨大的宇宙却是可能的）。

或者恒星和星系不是均匀分布的。一些天体正好处于某些天体的后面，使得被挡住的天体发出的光线无法到达地球。即便在 1925 年，这种理论在无限宇宙这一前提下也是不成立的。

也许宇宙中充满了吸收性物质，阻碍了远距离星系的光线。1930 年，罗伯特·特朗普勒发现了星际尘埃，但是如果无限的宇宙中有足够的尘埃阻碍光线传播的话，尘埃会被加热升温且发光。但我们并没有任何的证据证明这种尘埃的存在。此外，这个理论需要大量的尘埃，这些尘埃同样也会阻碍太阳光线的传播。因此尘埃并不是这一问题的答案。

也许宇宙中恒星和星系的数量太小距离太远，导致我们能收集到的光线太少。该解释仅适用于宇宙年龄很小的前提下，因为如果宇宙是无穷无尽的，就算恒星和星系的数量是有限的，也会有数不清的产生光线的壳。而且就在宇宙的临近范围内，我们就能发现大量的恒星。这个答案也是不成立的。

如今我们得知，夜空的黑暗是由于宇宙在年龄和体积上都是有限的，以及远处天体产生的可见光发生了红移，成为不可见光。但是这种理解直到 1925 年才成型，更不要说 1915 年爱因斯坦提出广义相对论时了。根据爱因斯坦的理解，在一个引力主宰，体积有限的宇宙内，恒星一定是互相靠近的。他也注意到所能发现的证据并不支持这一理论。唯一合理的解释就是一定存在着某个与引力相反的作用力使得恒星相互分开。他在广义相对论方程中引入这一反引力作用力，称为宇宙学常数。

有限宇宙的影响

时间到了 1926 年。沙普利所谓的宇宙已经让步给哈勃的宇宙。我们所能看到的大多数恒星都是银河系的一部分，且围绕银河系中心运动。星系是宇宙中质量最大的由引力主宰的天体。爱因斯坦十年前所考虑到的“恒星并未靠近或是远离地球和太阳”这一证据已经与此无关。接下来我们需要考虑星系的速度。我们再一次问道，在由大质量且距离很远的星系组成的宇宙中，这些星系到底发生了什么？答案很明显：如果星系互相靠近，它们的光谱应当是蓝移的。

如果宇宙并不是无限大的，我们就需要考虑其他的可能性。也许宇宙太年轻，其中的星系还没有加速到一定的速度。也可能是存在着一种与引力相反的未知作用力。我们可否假设宇宙学常数适用于星系，而非恒星？

当要计算引力是否有足够的时间确保星系的运动时，只要宇宙够大，其具体的年龄大小已经不重要了。天文学家早在 20 世纪 20 年代就了解地球、太阳以及宇宙至少有几十亿年的年龄，这对于他们来说是个合理的假设。

引力是如何使天体运动的呢？力使得天体开始移动。从静止到运动的改变意味着物体的速度发生了变化；用物理学术语来说，这种变化，准确地说是物体受到外力，其速度的变化被称为加速度。作用力使物体产生加速度，但是同等力度的外力使得物体变化的情况不同。某个特定大小的外力对质量较小的物体产生较大的加速度，对质量较大的物体产生较小的加速度。

我们来检验一下地球引力作用是如何对人产生向下的加速度。若没有坚硬的地球表面阻碍着（比如当一个人在没有降落伞的情况下从热气球中向下跳），这种自杀式跳跃行为将会产生 $10m/s^2$ 的加速度。这意味着速度每秒钟会增加 10m/s。一秒钟后，人向下的速度为 10m/s，两秒后的速度为 20m/s，三秒后的速度就是 30m/s。通过地球对地球表面的人所产生的加速度类比到银河系对某个遥远星系所产生的加速度，我们发现，尽管星系对星系的作用力很大，它们的质量也同样很大。质量大就使得其难以加速。因此，某个星系对另一个星系所产生的加速度比地球对人产生的加速度要小得多。

然而，尽管相比较于地球对地球表面物体产生的加速度而言，星系间的加速度小得多，但只要时间允许，还是会形成一定的运动。起初的速度小到难以测量。随着时间的推移，外力持续作用在星系上使得星系持续加速。一百万年后，该速度会加速到每秒钟几十米；几十亿年后，速度就能加速到每秒钟几万米。一个世纪之前，天文学家就得知宇宙的年龄至少为几十亿年，那么他们可以推算出星系们是以每秒钟几万米的速度互相靠近的。是这样吗？

星系的运动

从1912年到1914年，尽管斯里弗的最初研究目的并非如此，但他的观测已经解释了这一问题。巨大的漩涡星云仙女座以及它的邻居M32以300km/s的速度向着太阳运动；但是其他九个漩涡星云却以200~1100km/s的不同速度远离太阳运动。除了仙女座和M32以外，其他的以550km/s的平均速度远离太阳运动。到1917年，斯里弗将他的研究样本扩大至30个漩涡星云，从中得出了以570km/s远离太阳的平均速度。

请记住在1917年，银河系被认为是整个宇宙，而漩涡星云被认为是银河系中的天体。斯里弗虽然得到了与恒星相比非常不寻常的漩涡星云速度，但是有极少天文学家或是物理学家能认识到斯里弗测量的意义。当时人们认为，宇宙中主要的天体是恒星，而恒星的速度要小很多。1917年，几乎没有人考虑到漩涡星云是星系的这种可能性，更别说这些星云正在互相远离了。

1925年元旦之后，斯里弗关于漩涡星云的速度测量有了新的意义。几乎是在一夜之间，星系代替了恒星成为宇宙中的主要成分。若将爱因斯坦的理论应用于漩涡星系，它们应当以一定的速度互相靠近，但是事实恰恰相反。

从数学角度来看，爱因斯坦的广义相对论引力方程有很多解。他最初有关自己等式的理解是，要么得到宇宙在引力作用下收缩，要么在宇宙学常数的作用下保持静止。但是，事实证明，还有其他解释。年轻的俄罗斯数学家亚历山大·弗里德曼于 1922 年发现该等式也可以描述一个膨胀的宇宙。换句话说，宇宙中星系互相远离的情况也可以用爱因斯坦的方程描述。但在弗里德曼的发现应用到膨胀宇宙这一问题之前，天文学家应当认识到这个问题的存在。

第 19 章 膨胀的宇宙

如果说我看的比别人更远些，那是因为我站在了巨人的肩膀上。

——艾萨克·牛顿，在 1675 年 2 月 5 日写给罗伯特·胡克的信中引用了大卫·布儒斯特的《牛顿爵士著作，发现及人生回忆录》（1855）

在人类历史上，在直到近些年以前，那些对宇宙苦思冥想的人——无论他们是神学家、自然哲学家或是科学家，都认同一件事，那就是宇宙是有一个中心的。在亚里士多德学派的宇宙学说（被认为是和中世纪《圣经》神学一脉相承的）中，地球占据了这个小而有限的宇宙的中心位置，并且被处于土星运转圈之外的很多星球包围。这在很多行家看来，它是在天堂的第七层被很多天使及上帝包围，就在天球之外。1543 年，哥白尼发动了持续一个世纪之久的革命，摒弃了亚里士多德的天球学说。在哥白尼的宇宙论中，太阳是宇宙的中心，而且这个宇宙也比亚里士多德学说的宇宙大，但只是稍微大一点。它必须要足够大来容纳那些距离太远无法测量视差的恒星。

1917 年，沙普利粉碎了离我们又近又重要的太阳是或者接近宇宙的中心这一看似自洽的“事实”。在沙普利的宇宙中，银河系的中心距离地球和太阳 13 千秒差距（40000 光年）并且处于和地球上的生命毫无关系的位置。在沙普利看来，银河系就是整个宇宙，虽然它很大，但是也是可以理解的——从一头到另一头总共 90 千秒差距（300000 光年）。1925 年，哈勃在仙女座和巴纳德星系发现了造父变星，将宇宙可测量距离扩展到了百万秒差距。但是不管它有多大，显然它还是有一个中心的。然而不久之后（20 世纪 20 年代），哈勃就粉碎了这个存在了几个世纪之久的“事实”。

退行的星系

1929 年，哈勃与他的助手米尔顿·赫马森一起，开始了一项测量银河系外星云距离的研究。他一开始的研究对象是 46 个星系，它们的径向速度是已知的。其中 43 个星系斯里弗已经获得了径向速度测量数据。（当爱丁顿汇编他发表在 1923 年的专著《数学理论相对论》的目录时，斯里弗在 1917 年的巡天已经从 30 个星系扩大到了 43 个星系）。到 1929 年，赫马森获得了光谱并且测量了斯里弗之前没有测量的另外三个银河系外星云的光谱速度。

哈勃能够在这 46 个星系中的 6 个星系中辨认出造父变星。对于每个有造父变星的星系，哈勃利用沙普利校正的莱维特的周光关系来计算距离。有了距离，他校准了相应星系中最亮的恒星（他认为是恒星但实际可能是一些遥远的星团）的平均绝对亮度。结果发现在这六个星系中，那些像恒星的、最亮的单个天体的平均绝对亮度都是一样的。

接下来，哈勃又做了一个关于星系的假设，和沙普利在十年前做的关于球状星团的假设相似。他解释道，由于在这六个星系中，这些最亮的恒星状天体的平均绝对亮度都是一样的，所以那些最亮天体的平均绝对亮度在每个漩涡星系中都应该是相同的。如果这些最亮的恒星状天体的亮度在每个星系中都是一样的，用现代天文学的话来说，它们就成了标准烛光，可以用来校正距离。怎样做呢？

首先，你要测量一个星系中最亮的恒星状物体的平均视亮度。然后，利用从这六个星系的标准烛光测量中获得的这些天体的绝对亮度，加上光的平方反比定律，来计算星系的距离。哈勃能够从他研究的其他 40 个星系中的 18 个中辨认出最亮的恒星状天体。测量完这些天体的视亮度之后，他能够计算出到这些星系的距离，这样他得到了 24 个已知距离的星系。

1929 年 1 月，哈勃发表了一篇关于这 24 个星云的文章，题为《银河系系外星云的距离和径向速度的关系》。在这篇文章中，他提出了“星云的速度和距离是一个大概的线性关系”，我们现在称之为哈勃定律，又写作 $v=H_0d$。哈勃定律告诉我们，星系红移速度（v）和星系的距离存在线性关系。从数学上来看，红移速度和距离通过我们称作哈勃常数（H_0）的比例常数相关联。一旦 H_0 的值从哈勃对这 24 个星系中的观测中测得，那么到任意一个星系的距离都可以通过测量星系光谱的红移速度来计算。这样，哈勃定律可以解决远处天体未知距离的问题。

如果一个星系的红移速度是另外一个星系的两倍，那么哈勃定律告诉我们第一个星系的距离是第二个星系的两倍。在我们已经测量了红移速度的情况下，比例常数的值 H_0 告诉我们两个星系的真实物理距离。在哈勃的第一次巡天中，星系速度达到了 1090km/s。根据哈勃最初的 H_0 校准数据，这些速度对应的距离大概有 200 万秒差距（600 万光年）。1929 年，哈勃得出结论说“详细讨论现在的结果为时过早”。

1931 年，哈勃和赫马森极大地扩展了他们对宇宙的研究范围。他们报告称红移星系的速度达到了 19700km/s，巡天中发现的最遥远的星系距离是 35 百万秒差距（1.1 亿光年），大概是 2 年前数据的 18 倍之远。红移速度和距离之间的线性关系仍然成立，H_0 的数值为 560km/s 每百万秒差距。有了哈勃常数的值，天文学家现在可以利用这个工具计算到宇宙中任意一个星系的距离，前提是他们可以测量那个星系的红移速度。在 1 百万秒差距的距离下，一个星系的红移速度应该是大概 560km/s；在 2 百万秒差距的距离下，一个星系的红移速度应该是大概 1120km/s；在 10 百万秒差距的距离下，一个星系的红移速度应该是大概 5600km/s。因此，如果我们测量出一个星系的红移速度是 28000km/s，它的距离一定是 50 百万秒差距。

阐释哈勃定律

根据经验，哈勃和赫马森在他们 1929 年和 1931 年的文章中谨慎地展示了研究结果，其中没有大胆的阐述，没有宇宙学的意义。他们甚至提议说“把红移作为实际速度的阐释并没有很大的说服力（和距离与视星等、绝对星等的关系相比），而且‘速度’这个词只是使用它的‘表面意思’，它并不代表任何终极重要性。”哈勃把对他测量结果的解释留给了其他人，留给了我们。

我们该如何解释哈勃定律呢？我们看向地球之外（即银河系之外），发现所有其他星系似乎都在远离我们（除了离我们最近的相邻星系和仙女座及其伴星系）。我们测量了那些离我们远去的星系的速度，发现它们的速度随着与我们距离的增加而增大。这个距离和速度之间的相互关系意味着什么？有一个解释对我们来说似乎是显而易见的：

1. 宇宙就像一个炸弹爆炸，所有的碎片都从中心飞向太空。太空本身在爆炸之前就已经存在了，但是它空无一物，除了中心有一个微小的、没有爆炸的炸弹。这个空间足够大，能够一直包围随爆炸飞向外面的碎片。并不是所有的碎片在爆炸中都以同样的速度向外飞出去，所以在任何一段固定的时间间隔内，速度最快的碎片飞得最远，而速度最慢的碎片飞得最近。所有其他的碎片的飞行距离也是和它们的速度成比例的。在任何一段时间后，一个静止的观测者从中心向外看去，会测量到距离和速度之间的一个线性正相关关系，飞出的碎片扩散成云状，正如哈勃发现的那样。在这样的宇宙中，空间是不变的，而星系在空间中运动。在这个宇宙中，星系的红移其实是多普勒频移，这是由于星系在空间中离我们远去的物理运动造成的。如图 19. 1 所示。

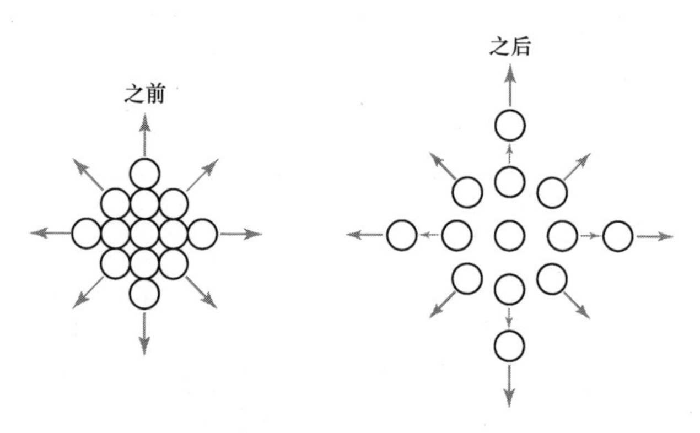

图 19. 1　爆炸示意图。左图中所有部分都集中在中心。右图在爆炸过后，运动速度最快的部分运动至距离中心最远的位置，而中心的物体并没有发生移动。

第二个解释相比第一个难理解得多，但是它和观测结果非常吻合：

2. 星系在太空中的位置是固定的，星系本身并没有在空间中移动。空间的结构随着时间变化均匀地向外伸展，所以星系之间的间距也随时间增大。星系本身并没有扩展。（从这个角度看宇宙的话，在一个局部比例尺上——“局部”指的是星系内的距离而非星系间的距离，电磁力和引力都比促使宇宙扩张的力要大。所以，星系、恒星、太阳系、地球和你的宠物猫都没有因为空间的扩张而伸展。）星系间距的总增长和它们之间最初的间距是成正比的。这样一来，一个在宇宙中任意位置的静止观测者都会观测到距离和视速度之间的一个线性正相关关系，正如哈勃发现的那样。在这样的宇宙中，空间在扩张而星系并没有在空间中移动。在这个宇宙中，星系的红移并不是多普勒频移，因为星系本身并没有在太空中运动。相反，我们称这些红移是宇宙学红移，因为当这些不移动的星系所释放的光子在这个不断膨胀的宇宙空间中运动的时候，它们被持续向外扩展的空间拉长—即红移了（它们的波长被拉伸而产生红移）。如图 19.2 所示。

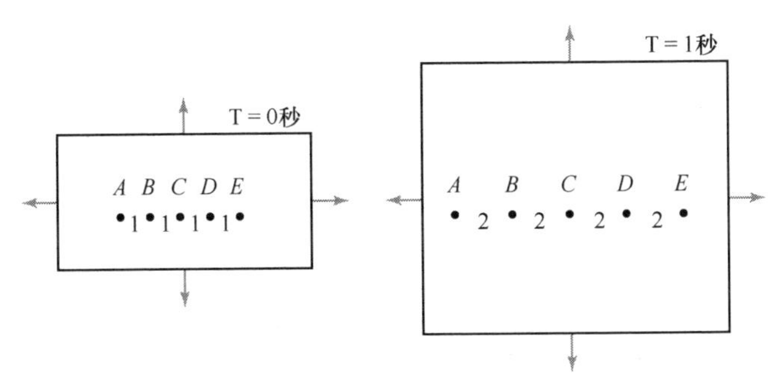

图 19.2　哈勃定律的图示。左图，在时间为 0 秒时，一张纸上有五个点（标记为 *A*、*B*、*C*、*D* 和 *E*）。点之间的距离均为一个单位（比如，1m）。右图，一秒钟之后，纸张膨胀，体积变为之前二倍。*AB* 两点之间的距离也从 1m 变为 2m。*AE* 两点的距离从 4m 变为 8m。若观测者位于 *A* 点，则他观察到 *B* 点以 1m/s 的速度远离，*E* 点以 4m/s 的速度远离。在任何一个点观测的人都会发现，任何点相对于自身的远离速度都是与其距离成正比的。

哈勃膨胀推算宇宙的年龄

哈勃定律的两种解释有一个共同结论，这导致了宇宙学革命：宇宙有一个时间上的起点，可以用科学手段测量出来。这是怎么做的呢？

无论你倾向于哈勃距离—红移关系的两种解释中的哪一个，如果我们向前追溯，星系间的距离是更近的，可能是因为它们朝着中心的方向后退了，或者是因为空间本身变小了。假如我们往回看，看得足够久远，所有的星系都在一起合并成了一个单一的、超级的、星系形成前的团状物体。如果我们继续往回看，形成这个团状物体之前，所有物质都来自于一个点。所以，要推测宇宙的年龄，我们只需要想象将星系的运动反倒回去，然后计算它们回到最初聚集在一起时需要多长时间。

想象一下你从家乡出发，开车沿一条洲际公路一路向东。你设定了定速巡航，速度是 100km/h。我在你的家乡，用雷达探测器跟踪你的车。我不知道你是什么时候出发的，但是在任意一个时间，我都可以测量你的速度（特定方向的速度）和离开家的距离。因为我知道那个距离等于速度乘以时间，我也知道你出发后所用的时间等于距离除以速度。这样的话，我就可以用你离开家的距离和你的速度来计算你的旅程时间。如果你以 100km/h 的速度行进，并且行驶了 400km，那你就是在 4 个小时之前出发的。这个计算严格来讲是正确的，前提是你从出发开始到我使用雷达系统测量车速的过程中你的车速一直没有变化。

现在想象你和另外一个司机同时从家里出发，但是行车速度不同。如果第二个司机以 50km/h 的速度行进，并且行驶了 200km，那么我发现这个司机也是 4 小时前出发的。你和第二个司机同时启程，就像马拉松运动员，同时起跑但是速度不同，所以在任意一个时刻距离起点的距离也不同。如果我要画出你们的速度（x 轴）和路程（y 轴）图的话，那么第一个点（50km/h，200km）和第二个点（100km/h，400km）将会落在从原点出发的一条直线上。这条直线的斜率（y 除以 x），即 4 小时，对这两个司机来说是一个比例常数，可以类比为哈勃常数。这也是他们旅程所用的时间。

在这个类比中，如果我们等到第一个司机行驶 800km，第二个司机行驶 400km 以后再进行测量，我们会在图上得到一条直线，但是数据点将会是（50km/h，400km）和（100km/h，800km）。这样的话，这条直线的斜率，我们的哈勃常数，将会是一个不同的数值：8 小时。换句话说，哈勃“常数”随着时间在变化。它并不是一个固定不变的值，而是随司机的行驶时间稳定上升的。

如果关于星系速度和距离的哈勃数据画成图，速度作为 x 轴，距离作为 y 轴，那么连接两个点的直线的斜率就是哈勃常数，而哈勃常数的数值就是宇宙现在的年龄（t_H，也称为哈勃时间），前提是假设星系运动的速度或者宇宙膨胀的速度从一开始就是不变的。然而，早在 1931 年，宇宙学家就已经计算出宇宙的膨胀速度在它的整个历史进程中并不是一成不变的。所以，宇宙的年龄并不等于哈勃时间；相反，从爱因斯坦的广义相对论来看，推导出的宇宙的真实年龄是哈勃时间的三分之二。

天文学家有一个做事情的习惯，那就是倒着做事情，从后往前或从下往上（通常也没什么好的理由）。当哈勃把他收集的关于星系距离和速度的数据用图表画出的时候，他以距离为 x 轴，速度为

y 轴。所以，这条线的斜率就是哈勃时间的倒数而不是哈勃时间。如果我们把刚才车辆的行驶也用这种方式画出来，那么这条直线的斜率（y 除以 x）就是 0.25 千米每小时每千米，或者简单地说 0.25 每小时。0.25 每小时的倒数就是 4 小时，所以我们可以通过求哈勃常数的倒数来计算哈勃时间（$t_H = 1/H_0$）。正如我们在车辆行驶中所发现的那样，哈勃时间肯定是随着时间的增加而增加，那么在星系视速度不变的宇宙中，哈勃常数就会随着时间增加而减小。

星系在空间中运动还是空间在膨胀？

关于宇宙，如果我们只知道星系的距离和退行速度，我们能分辨出宇宙中是星系在空间中运动还是空间在膨胀吗？在这两种模型中，一个位于任意地点并随着其中一个星系运动的观测者，都会有同样的观测结果，那就是所有的天体都在远离观测者，而且较近的天体比较远的天体远离得慢。然而，在这些观测结果之下的物理原理是不同的。为了把这些不同的解释区分开来，我们需要获得更多的信息。

想象一下宇宙就是一个嵌入了葡萄干的巨大面包，每个葡萄干代表一个星系。每个葡萄干上都有一个微小且敏锐的观测者为我们的实验做必要的距离和红移速度的测量。也许面包在焙烤的过程中会膨胀，那么葡萄干就有可能随膨胀的面团向外移动。或者葡萄干通过某种未知的机制，穿过面团向外移动。有一些葡萄干距离表层太远了，无论观测者观测地多么仔细，他们也看不到面包的边界。他们不能证明葡萄干是在一个有外壳的面包的里面，而这个外壳就是面包的界限。对于所有在葡萄干上、深深嵌入面包里的观测者来说，就他们能看到的范围来讲，从各个方向看到的宇宙都是一样的。这些观测者最终会领悟哈勃公式的存在，并且发现它可以应用于他们观测的任意一个方向。

然而有一些葡萄干离面包表面很近，它们可以看到外壳以及外壳以外的东西。这些接近表层的观测者，在测量过距离、速度以及其他葡萄干的位置之后，会发现他们所看到的和那些远离表层的观测者所看到的有一些不同。首先，他们可以在一个方向上看到更多的葡萄干。其次，他们发现在他们的宇宙里，可以在一个方向上看到很多距离他们很远的葡萄干，但是在其他方向上就看到很少甚至没有远距离的葡萄干。虽然哈勃公式可以适用于各个方向观测到的所有的葡萄干，但是在表层附近的方向，哈勃公式只能适用于一个有限的距离，超出了那个距离就没有葡萄干，因此也就没有物体可以用来检测哈勃定律了。

宇宙学原理

我们是什么情况呢？地球上的天文学家从位于银河系内部的观测看到了什么呢？对我们来说，哈勃定律似乎适用于从各个方向能看到的所有星系。我们可以假设银河系距离宇宙的边缘很远，就像位于葡萄干面包深处的一粒葡萄干；在这个假设下，我们这些生活在银河系里的人就占据了宇宙（或者说葡萄干面包）的中心或者接近中心的位置。

然而从哥白尼时代开始，天文学家、物理学家和哲学家就开始摒弃我们居住在宇宙的“特殊位置”这一观点。这个宇宙学原理几个世纪以来已经渐渐为人们所接受，直到今日它已经成为现代思想的重要支柱之一。根据宇宙学原理，物理学定律必须在宇宙的任何一处都是一样的。这个物理定律要在宇宙通用的假设就叫作普适性。宇宙学原理成立的第二个假设是比较含蓄的，如果宇宙中没有“特殊位置”并且物理学定律具有普适性的话，那么在大尺度上，对于所有的观测者来说，宇宙的各个方向都是一样的。第二个假设就是著名的各向同性。最终，如果宇宙学原理是有效的，如果我们接受了普适性和各向同性的假设，那么在大尺度上宇宙各处的平均物质含量都是一样的。第三个假设，也就是均匀性，意味着宇宙中所有的物体，——无论是我们所说的大尺度的整体（如恒星、星系、星团）还是微观的物体（如不同元素的相对量，质子和电子的数量）——都含有相同的物质。如果普适性、各向同性和均匀性都是有效的，那么宇宙的任意一部分都是没有特殊性或者“特权”的。传统的葡萄干面包模型既有中心又有边界，违背了各向同性的假设，因而也就违背了宇宙学原理：在葡萄干面包模型中，宇宙从各个方向、不同位置看去并不是一样的。

能让宇宙任意地方（或者是葡萄干面包模型）的所有观测者看到同样东西的唯一方法，也就是能够使哈勃公式适用不同角度、不同距离的所有宇宙的唯一方法就是宇宙（面包）没有边界（外壳）。现在，我们假设宇宙学原理在宇宙中是有效的，也就是说普适性、各向同性和均匀性的假说都是正确的。在之后的章节中（见第 25 章），我们将会讨论支撑宇宙学原理的实验和观测证据。现在让我们先接受宇宙学原理，我们将会发现解读哈勃方程的方法。我们下一步要做的就是必须弄清楚如何构建没有边界的宇宙。

无边界的宇宙

从概念上来看，构建没有边界的宇宙的一个方法就是创造一个空间无限大的宇宙。但是，要记住奥伯斯佯谬的解决办法强烈表明，我们能看到的、宇宙中含有发光物质的部分是有限的。这与宇宙学原理结合起来表明，我们并不是生活在一个时间和空间都无限的宇宙。(然而它并没有否认其他维度空间或者多重宇宙的存在)。

解决这个问题的第二个办法就是认为面包条是一个闭合的形状。比如说，想象那个面包是一个篮球的皮革表面。从概念上来讲，这种面包比较令人费解（更不用提还要涉及烘焙的困难），因为当我们想到篮球的时候，我们会想到这个球的三维形状和它的环境：它里面充的是空气（不是皮革），外面也是被空气包围着（不是皮革）。和球的体积相比，皮革表面很薄。出于类比的目的，我们这种看待篮球的方式是有缺陷的。我们必须要把这个弧形的皮革表面当作是三维空间；在这个三维空间中没有内部空间或者外部空间。如果你是一只在这个篮球表面行走的蚂蚁，你不能进入里面或者跳出这个篮球。你要探索这个空间唯一能做的就是在篮球面上行走或者待在表面上。类似的，在我们弯曲空间的宇宙中，我们对这个空间做的任何的测量（星系的速度和空间）都必须沿着宇宙的弯曲表面进行，因为那是我们的三维空间唯一存在的方向；向内和向外的方向在这个三维空间中是不存在的（如果它们存在的话，那我们的三维空间宇宙就有内边缘和外边缘，这个我们已经认为是不可能的）。然而，篮球的内部和外部在时间上是存在的。后面我们会更深入地探讨这个篮球比喻。

试想宇宙是一个体积无限大的、空无一物的空间。然后，在某一个时刻——我们称之为时间的起点，在可观测的宇宙中的所有星系都出现在一个微小的区域。如果哈勃公式能够很好地描述星系的运动和距离，那么在下一个时刻星系就会开始分离。如果最远的那个星系以小于无限大的速度在太空中运动，那么对于这个膨胀的星云来说就存在一个外部距离上限，超出那个范围以外就没有星系存在了。但是我们已经得出结论了，宇宙没有边界，没有一个超过某个距离就不存在星系的上限。否则，宇宙发展的历史上就会存在一个时刻——可能是现在或者其他任何时间——有些观测者能够看到而有些观测者看不到那个超出距离之外就没有星系存在的边界。因此，为了保留宇宙学原理，宇宙肯定是突然变得无限大。这就要求无数的星系在短时间内以无限大的速度在太空中运动来到达它们现在的位置。这个解释和物理学定律相矛盾，因为没有物体可以在太空中以比光速还快的速度运动，更不要说是无限大了；这个解释肯定不正确。

现在，忽略宇宙是怎么起源以及发展到无限大的这个事实，就想象一个无限大的，而且可以用哈勃公式来描述的宇宙。在这个宇宙中，相比于近距离的星系，远距离的星系以更快的速度远离我们。我们和一些星系之间的距离在以 10000km/s 的速度增加。除了这些星系以外，还有一些星系在以 50000km/s，甚至 100000km/s，更甚至于 200000km/s 的速度远离我们。一些星系距离我们太远了，所以它们的退行速度——记住，我们必须认为这些速度是星系在太空中运动的速度——将超过光速，但是这是不可能发生的。基于几十年的实验，20 世纪初期的物理学家达成一致看法认为光速是有限的。在真空中，它的速度是 299792. 458km/s。爱因斯坦在他 1905

年的狭义相对论中提出了理解宇宙的两个原则：光速对于宇宙中所有的观测者来说都是一样的；宇宙中没有物体的运动可以比光速还快。（爱因斯坦对于光速的说法并没有对空间本身的膨胀施加约束条件，只是针对在太空中运动的物体来说的。）距离爱因斯坦阐述这些原理已经一个多世纪了，世界上成千上万的实验都一再地以及有力地证实、再证实了他的光速理论。然而，在充满了星系的无限宇宙中，哈勃定律能够正确地描述星系的运动，并且宇宙学原理也是正确的，几乎所有的星系距离都相当远，所以它们在宇宙中退行的速度会超过爱因斯坦的速度限制。哈勃定律、狭义相对论和宇宙学原理对于一个无限的宇宙是不适用的。从相对论仍然听起来很陌生的年代开始，到 1929 年它终于发展成为了现代物理学重要支柱。在此之后又经过了上百年持续的实验和理论发展，它的地位已经很难动摇。在需要选择遵循爱因斯坦的理论还是无限宇宙的理论时，爱因斯坦的定律获胜了。

有限膨胀的宇宙

我们都知道宇宙是没有边界的，而它包含着明亮可视星系的一部分是有限的，并且这些星系遵循哈勃公式。但我们怎么把这些想法结合在一起形成一个清晰完整的宇宙图景呢？

当 1915 年爱因斯坦发表了广义相对论后不久，荷兰的天文学家威廉·德西特尝试着去解爱因斯坦的方程。德西特的数学解法是非物理的，因为他没有加入一般的物质与光，所以在他的方程里没有引力的来源。但他确实通过计算得出了一种不同的方法来解读星系的谱线。宇宙的膨胀也会使光子被拉伸。蓝色的光子在拉伸后波长变长因此变红。如果空间被拉伸，那么距离更远的天体的光线会比更近的物体拉伸的程度更大。哈勃定律在德西特得出结论时还没有被发现，它也显示的是空间的拉伸程度，而不是星系在空间中运动。1931 年，德西特的空间拉伸概念得以解释哈勃观测到的现象：星系在宇宙空间中是不移动的，而是空间自身和在空间中传播的光子发生了拉伸，星系在空间中的相对位置保持不变。

这个概念值得被强调，因为尽管人们经常看到宇宙膨胀的动画或图像，但除了专业的天文学家和宇宙学家，很少有人真正明白它的含义。所以需要再次强调的是：没有物质的空间是从来不存在也不会存在的。星系之间的距离，以及包含着星系（星系内物质稠密）的宇宙空间，抑或不包含星系的宇宙空间，都是一直在增长的，但星系本身并没有在空间中移动。从最广义来讲（忽略星系间相互作用造成的微小的移动），星系在空间中的位置保持不变。它们不会在宇宙中到处移动。不过星系间的距离一直在增长，因为星系间的空间在膨胀，而星系本身保持不动。

1948 年 3 月在 BBC 的广播节目《万物的本质》里，英国的天体物理学家弗雷德・霍伊尔用了大爆炸这个概念来解释膨胀宇宙模型。虽然霍伊尔本身更倾向于宇宙是静止、永恒且不变的，并且花了五年尝试推翻宇宙膨胀理论，但他仍然以这个理论闻名。

没有中心的宇宙

现在再来看看篮球的类比。篮球的表面皮革是三维的，如同宇宙的构成。篮球宇宙起始于一个点，然后膨胀。宇宙膨胀就如同于给篮球充气一样，但有一个最关键的不同：我们认为篮球是处于一个空间内的然后在这个空间里膨胀，但对于宇宙来说，篮球应该相当于空间本身。在这个例子中，篮球外部的空间应该是不存在的，至少目前不存在于任何三个维度中，因为当前它还不是宇宙的一部分（篮球的表皮代表了宇宙）。而篮球的内部同样也不存在，原因是相同的。我们无法穿过三维空间到篮球的外部或内部去，即使我们的速度无限快。篮球的内部只存在于过去，当篮球还没有现在这么大的时候；而篮球的外部只存在于未来，当篮球变得更大的时候。目前时间旅行还不成立，我们只能被严格地限制在空间意义上的旅行。于是，我们被物理法则限制在了篮球的表面上。

虽然我们不能回到过去，但天文学家能看到过去。光线，虽然可以每秒前进 300000 千米，仍然需要非常漫长的时间来在浩瀚的宇宙中穿梭。在四百万光年以外的天体发出的光，需要花费四百万年才能到达我们（如果忽略光子穿梭时宇宙在膨胀这个情况的话）。所以现在我们可以看到的光其实是四百万年前那个天体发出的，在那时宇宙还没有这么大。于是，当天文学家观测那些遥远的天体时，他们也看到了过去的宇宙。他们看到了那些天体在宇宙还很年轻、体积更小时的样子，看到了篮球的“内部”，看到了从前。天文望远镜就像是时光机，学者能看到过去但不能回到过去。

第 20 章 宇宙的哈勃年龄

哈勃谨慎地提出，不应该过度强调均匀的原则，因为仙女座中存在着丰富的球状星团，它们和银河系中的球状星团可能存在着真实的差异。

——沃尔特·巴德，“造父变星的周光关系”，《大西洋天文协会出版物》(1956)

我们现在有了一个研究宇宙历史的模型：宇宙初期，由于空间本身就很小，宇宙中的物质和能量紧紧聚集在一起。随着时间的推移，太空空间膨胀。星系是在宇宙诞生之后的几亿年内形成的，它们的位置一直没有变化。星系看起来好像是在互相远离，但是这是由于空间膨胀的缘故，实际上星系根本没有在太空内移动。星系间的距离和彼此之间运动的速度是成正比的，因此相距较远的星系看起来移动的速度更快一些。距离和退行速度之间的关系被称为哈勃定律。其比例常数称为哈勃常数，哈勃常数能告诉我们，星系间速度每有一千米每秒的差别，星系离我们能有多少百万秒差距的距离差别。通过哈勃常数能直接得出哈勃时间，进而测量出宇宙的年龄。

1931 年，哈勃大致计算出的哈勃时间为 18 亿年，宇宙的年龄是哈勃时间的 2/3，也就是 12 亿年。大致上说，该年龄和后来测量出的地球的年龄是一致的。亨利·罗素曾在 1921 年总结说，“地壳的年龄大概在 20 亿到 80 亿年之间。”然而到了 1930 年，地质学家根据岩石的放射性年代测定确信地球年龄的下限是 30 亿年。若放射性年代测定是有效的，且哈勃的测量是正确的，那么宇宙就太年轻了。宇宙比自身的组成部分要小了几十亿年。该伴谬被称为“时间尺度困难”，用天文史学家约翰·诺思的话来说，这是“宇宙学家的噩梦”。肯定是哪里出错了。

奥卡姆剃刀原理的局限性

1931 年，在根据造父变星和周光关系校准了仙女座星云的距离后，哈勃注意到仙女座内最亮的球状星团的亮度仅为银河系中最亮的球状星团亮度的 1/4（1.5 等）。到 1940 年，又被其他天文学家证实，从而引发了不安。为何仙女座的球状星团和银河系的球状星团差异如此之大？若两个星系中球状星团内的恒星如此不同，那么一致原则就是错误的；然而，如果银河系和仙女座的恒星遵循同样的物理定律，那么仙女座的距离计算肯定是错误的。

沙普利在其有关造父变星的成果中将所有的造父变星都归为一种周光关系，哈勃正是应用了沙普利的校准。二人不知道的是，并非所有的造父变星都是相似的。

赫罗图有一个区域，被称作不稳定带。不稳定带从主序延伸到右上方（高亮度，低温度）。该区域内的恒星有规律地脉动，交替变大变亮变冷，继而收缩变暗变热。脉动的恒星导致了亮度以及颜色（光谱类型）的周期性变化，其中有三种重要的类型。

- 经典造父变星，也叫做仙王座δ造父变星或第一类造父变星，其亮度为第二类造父变星的四倍。这些恒星的脉动周期为2天至40天，亮度大概为1至1.5星等，中等温度和光谱类型（F，G）。它们存在于漩涡星系的旋臂以及小麦哲伦云中；球状星团没有这类造父变星。例如北极星和仙王座δ造父变星。

- 室女座W型变星，也叫做第二类造父变星，亮度仅为第一类造父变星的1/4。这些恒星的脉动周期也是2天至40天。它们存在于漩涡星系的晕、椭圆星系以及球状星团中。

- 天琴座RR变星，也叫做星团状变星（由贝利发现），其脉动周期仅为0.3~0.9天，亮度变化大约是一个星等，中等温度和光谱类型（A，F）。它们存在于球状星团以及漩涡星系的晕和核中。

沙普利将这三种变星放在一起得出了一种周光关系，他犯了一个错误，这个错误就好像是把苹果、桔子和梨这三种水果混在一起；这个错误是天文学中每每发现新事物时很常见却又不可避免的错误，直到人们又发现了一种新的天体。

若几个天体有着一定的共性，而天文学家对其了解甚少，则这几个天体的相似之处自然而然成了首要的特性，而不同之处则被放在了次要位置。若该天体很有价值，很多学者会对其进行研究，就能很快得到关于该天体的很多数据。接下来，天文学家就开始区分天体间的差异，从而建立这类天体的分支。正如斯里弗由于有关星云的数据缺失导致其认定所有的星云都是相似的，造父变星及星团状变星的数据不足，使得沙普利以及其他天文学家没能在20世纪10年代和20年代认清这几种造父变星的差异，而把它们都视为造父变星。

这些错误表明了在科学上应用奥卡姆剃刀原理的局限性。14 世纪的心理学家奥卡姆认为，超越了经验的事物是无法通过理智、逻辑验证的。奥卡姆的工作当然早于现代科学的诞生（他最初的研究目的是证明上帝的存在），但现代科学将其言论归为朴素主义的价值观，也就是奥卡姆剃刀原理：能通过尽量少的假设完成的事物就没必要将其复杂化。也就是，不必将一个科学解释复杂化，尽量使其简单。在造父变星的例子中，沙普利在 1918 年声称，周期相同的造父变星，不论是在一般的星系中还是在分散的恒星系统内（例如球状星团和麦哲伦云），其亮度都是一致的；这一观点由于当时没有可驳倒的证据便被认为是可行的。沙普利使其简单化，但还是错了。在这个例子中，答案要复杂得多。

一位敌国公民，沃尔特·巴德的发现

第一类造父变星和第二类造父变星都是存在的。因此沙普利的周光关系校准出现了错误，哈勃对银河系外星云的距离计算也是错误的。这些错误都是因为沃尔特·巴德发现漩涡星系的两类恒星而发现的。巴德是德国出生的天文学家，自 1931 年起，一直在威尔逊天文台工作。二战期间，巴德同许多其他德国和日本移民一样，被看作敌国公民。与日本移民不同，德国人不会被遣送到集中营；然而 1942 年 4 月，洛杉矶的军事安全人员命令巴德于晚上八点到上午六点之间禁足在自己家。这个禁令终止了其作为一名天文学家的工作。

对于威尔逊天文台的台长沃尔特·亚当来说这是难以接受的。他说服当地警官破例允许巴德晚上返回威尔逊观测。1942 年夏天，哈勃在战争期间离开威尔逊去马里兰的阿伯丁武器试验场服役，巴德接替了哈勃的观测时间。尽管巴德的人生不尽如人意（二战；敌国公民地位；洛杉矶夜间灯火管制），但是他却在困境中做出了一番成就。对天文研究来说，夜晚黑暗的星空是最理想的条件；巴德有机会使用地球上最大的望远镜，也多亏了哈勃在战争期间的服役让巴德有了足够的观测时间。1944 年，通过其对仙女座及其两个伴星系 M32 和 NGC205 以及一些近邻星系的研究，巴德发现像银河系这样的漩涡星系都包含两类不同的星族。“星族Ⅰ”包含了亮度较高温度较高的 O 型星和 B 型星，以及疏散星团和旋臂的所有恒星。“星族Ⅱ”包括所有球状星团恒星，包括贝利的短周期（几小时）星团状变星（见第 15 章）。

1948 年，随着地球上最新且最大的望远镜帕洛玛山上口径为 200 英寸的海尔望远镜的试运行，巴德宣布，一劳永逸地解决造父变星问题将是该望远镜的首批任务之一。几年内，他确定了两类造父变星的存在，每种都有着独特的周光关系。他发现第一类造父变星存在于星族Ⅰ中，第二类造父变星存在于星族Ⅱ中。尽管两种类型的造父变星都以相同的方式脉动，但是相比于第二类造父变星，第一类造父变星的年龄更小，质量更大。1918 年，沙普利并没有足够的数据认识到他将不同类型的造父变星混为一类了。然而，继巴德的工作后，天文学家认识到，脉动周期大约为十天的造父变星的亮度可能是太阳的 5000 倍（第一类造父变星），也可能是太阳的 1300 倍（第二类造父变星）。

沙普利在校正周光关系中所使用的样本主要是亮度较暗的第二类造父变星，因此他发现了这类变星的周光关系。哈勃在仙女座和其他河外星系中发现的造父变星大多是亮度更高的第一类造父变星。因此，哈勃对仙女座恒星的亮度低估了四倍，使得对它距离的计算也低估了两倍。他的测量所用的校准是错误的。

1952 年，巴德在其对国际天文学会的一篇报告中提出，仙女座星系的距离实际是 1929 年哈勃所得到距离的近三倍。(1930 年，罗伯特·特朗普勒证明，星际尘埃会吸收远距离天体的光线，使之看起来亮度比较暗，从而得到的距离比实际的近；星际尘埃以及周光关系的重新计算都帮助巴德对仙女座的距离进行重新计算。）突然之间，宇宙变大了很多，因此其年龄也大了很多。1956 年，哈勃的徒弟艾伦·桑德奇对其老师的工作进行了改进及更正，宣布 H_0 的值为 75 千米每秒每百万秒差距，哈勃时间为 130 亿年，H_0 的不确定度为 50%（因此 H_0 可能是 35 至 150 千米每秒每百万秒差距；哈勃时间可能是 70 亿年至 300 亿年）。不管时间是 70 亿、130 亿还是 300 亿年，哈勃时间足以同地质性年代检测得出的地球年龄相一致了。

在接下来的三十年间，H_0 的测量值从 50~100 千米每秒每百万秒差距不等。其中有两大活跃强大的研究团队认为数值一定是两个极值之一。$H_0=50$ 被称为“长值”（桑德奇主张的取值），而 $H_0=100$ 被称之为“短值”，这是因为一个给定的红移速度，H_0 数值越小则到某个天体的距离越长，反之则越短。1986 年，罗恩-罗宾逊在他的《宇宙距离的阶梯》一书中对半个世纪以来 H_0 数据的测量进行了精确的评价。他总结到，H_0 最佳估计值应当是 67 ± 15 千米每秒每百万秒差距。这一数值使得宇宙的年龄大概在 150 亿年左右，更确切地说，120 亿~200 亿年范围内。

哈勃空间望远镜和宇宙的年龄

1990 年 4 月，经过十几年的设计和发展，NASA 发射了哈勃空间望远镜。主要的项目之一就是测量哈勃常数。联合领导人温迪·弗里德曼、罗伯特·默顿以及杰里米·莫德，和其他 12 名团队成员，重点关注星系中远至 25 百万秒差距（8000 万光年）的造父变星的认证。在 2001 年，他们称最终的结果为 $H_0=72\pm8$ 千米每秒每百万秒差距。

随着该工作的结束，亚当·里斯及其合作者在其 SH0ES（Supernovae and H0 for the Dark Energy Equation of State，暗能量状态方程的超新星和哈勃常数）项目的一部分中，继续用哈勃空间望远镜进行这项研究，区分并测量了 240 颗远在 30 百万秒差距（1 亿光年）之外的星系中的造父变星，它们的距离已通过观测 Ia 型超新星得到（见第 21 章）。2009 年里斯的结果将 H_0 的数值精确到 $H_0=74.2\pm3.6$ 千米每秒每百万秒差距。

半个多世纪以来，数百位天文学家的研究提高了 H_0 数值的精确度。然而，哈勃关键项目团队和 SH0ES 团队的数值结果几乎和桑德奇在 1956 年得到的数值相似。讽刺的是，桑德奇和他的合作者仍然坚持自己的数值 62 千米每秒每百万秒差距是正确的。

基于一系列可靠的数据，我们推测哈勃时间，也就是假设哈勃常数在宇宙的整个历史中保持不变的宇宙年龄大概为 135 亿年（在接下来的五章里所描述的发现中我们会看到，对宇宙年龄的最佳估计大约是哈勃时间的 96%）。值得注意的是，该年龄是测量得到的结果，而测量得到的结果并非都是十分准确的（因此在哈勃常数值之后有±3.6 这样的符号）。因此，科学家通常给出一个包含所有可能取值的数值范围。在这个例子中，宇宙学家几乎可以肯定，哈勃时间一定在 120 亿~160 亿年之间。

第 21 章 加速的宇宙

它的能量包围着我们。我们是明亮的，而不是这个天然的物质。你一定可以感受到身边的力量；就在这，在你我之间，在树木、岩石，每一个地方……是的，绝地武士的力量沿着力量流动。但是一定要小心黑暗势力。

——尤达，《星球大战之五：帝国反击战（1980）》

数十年来，天文团队互相竞争，力求得到最准确的哈勃常数。当然，自从我们了解了宇宙是在膨胀的，我们就知道哈勃"常数"这个名字是不恰当的：在整个宇宙年龄中，它并非是一成不变的常数，这也是为什么要计算当前的哈勃常数。为了明确这一点，天文学家使用没有角标 0 的字母 H 来表示随着时间变化的哈勃常数，H_0 表示现在这一时期的哈勃常数。如今，哈勃常数描述的是现在我们测量的随着整个宇宙空间膨胀，星系互相分离的速度除以彼此分离的距离。若分离速度保持不变，那么哈勃常数会由于分离距离的增加而减小。在一个有质量的宇宙中，引力减缓了膨胀的速度。随着宇宙膨胀速度的减慢，哈勃常数应当比没有引力作用减小得更快。基于这些考虑，很明显随着宇宙慢慢变老，H 应该会减小。

哈勃“常数”并非常数

再试验一次：假设引力是影响宇宙膨胀速度的主要作用力，宇宙过去的膨胀速度应该比现在更快。若在过去的时候，宇宙的膨胀速度更大且宇宙体积较小，哈勃常数（膨胀率除以分离距离）应该比现在的数值要大。可是，天文学家要去哪里寻找关于过去的信息呢？正如我们看到的，关于现在的信息可以在临近的宇宙中找到，而有关过去的信息的位置就很远了。通过遥远的宇宙的红移光线所传达的信息（记住，我们在回顾过去），哈勃常数应该比临近宇宙的哈勃常数要大。为了测量宇宙的膨胀速度并判断其是否发生了变化，我们下一步所需要的就是能够测量到远距离的标准烛光了。对于哈勃关键项目和 SH0ES 项目，弗里德曼和瑞斯及其合作者测量了 30 百万秒差距（1 亿光年）处造父变星的哈勃常数，但这个距离只能反映一亿年前的信息。一亿光年的距离太短了，宇宙学家将这一范围内的空间看作临近宇宙范围内。天文学家们要做的是如何观测到十亿光年甚至是这个距离以外的宇宙。天文学家推测，当达到了这个目标时，我们就会发现，很久之前的哈勃常数值比当前的 74 千米每秒每百万秒差距大。

钱德拉塞卡极限

我们应该如何测量远处宇宙的哈勃常数呢？我们只需要寻找一个能测量几亿到几十亿光年距离的标准烛光。因为距离越远的天体亮度一定非常高我们才能够观测到，因此我们需要尽可能找到最亮的天体作为标准烛光。

还记得白矮星吧？我们注意到一个孤立的白矮星会保持恒定的质量和半径，并慢慢冷却。其冷却过程可以帮助我们计算它的年龄，并能计算出白矮星所处的球状星团的年龄。然而，并不是所有的白矮星都是孤立的；在一个双星系统中，白矮星的质量会以消耗其伴星质量为代价增长。若一个双星系统包含一个白矮星和一个红巨星，质量会从红巨星的外层大气流动到白矮星的表面。随后，经过行星状星云阶段，红巨星的质量会传递到太空，其中的部分质量会落在它的伴星白矮星表面。因此，白矮星会逐渐增大。

对正常的物体来说，比如一堆沙子，当有其他物质加入时，该物体会变大。然而，白矮星却是相反的。更多的物质对白矮星而言，意味着更强的引力作用使其压缩。因此，增加的物质使白矮星体积变小。强压力意味着白矮星的内部压强和密度都在增加。当压强和密度增加到一定程度，内部的引力作用就能超过外部简并电子压。这就好比在我们的抢椅子游戏中，椅子靠得太近以至于椅子腿都互相纠缠在一起。当有人坐在纠缠在一起的椅子上，椅子腿会晃动不稳。整个大厦坍塌。在白矮星中，过多的质量超过了简并电子压强，就无法维持整个恒星的结构。白矮星本身会坍缩。爆炸的临界点质量大概为 1.4 个太阳质量，被称为钱德拉塞卡极限。

Ia 型超新星

白矮星的质量不论达到太阳质量的 1 倍、1.2 倍、1.3 倍、1.35 倍、1.45 倍、1.7 倍、5 倍，白矮星都不会坍缩。只有在这种特定质量（1.4 倍太阳质量）施加压强的情况下，简并电子压强才会失效造成白矮星坍缩。在双星系统中，只要白矮星吸附其伴星红巨星的质量并达到太阳质量的 1.4 倍，也就是钱德拉塞卡极限，白矮星就会坍缩；由于白矮星都会在钱德拉塞卡极限坍缩，它们塌缩和随后的超新星爆发的方式是极其相似的，所以它们的亮度几乎是一样的。

在坍缩的白矮星内部，其密度很大足以发生碳聚变。在几个世纪的时间内，这些核聚变反应释放的热量使得冰冷的白矮星升温。当温度升高到 7 亿 K 时，大规模的核热反应扩散到白矮星的其他区域。几秒钟后，核反应消耗掉整个白矮星。碳聚变为氖、镁、钠；氧聚变为硫、硅；硅聚变为镍。迅速的核聚变反应几乎是瞬间将白矮星的 40%~60%聚变为镍。很快，镍衰变为钴和铁。铁元素的原子核吸收光子，导致铁内核分解为阿尔法粒子（氦核），核开始冷却，给白矮星带来灾难性后果。外层恒星继续挤压着核。结果是阿尔法粒子分裂成质子、中子和电子。简并电子压强无法阻止白矮星的坍缩；很快，电子被压进质子形成中子核。几乎在瞬间，核被转变为等价于只有中子组成的原子核，其直径仅为几千米。随后，中子产生一种与坍缩外壳的力相对的压强（中子简并压），防止白矮星的死亡、爆炸。白矮星外层将核反弹，向外发出冲击波。白矮星之前的引力作用难以抵抗整个坍缩和反弹过程中释放出的能量，因此白矮星爆发了。几秒钟内，爆发的恒星密度随膨胀迅速的减小，最终终止了核聚变反应。

白矮星爆发尽管只持续很短的时间，但是其所释放的光线同几十亿个恒星或是整个星系释放的光线差不多。天文学家把这样的天体叫作超新星。从观测天文学的立场来看，超新星是一种极好的天体，亮度有时会是最亮的造父变星亮度的 100000 倍。然而，超新星的光芒是短暂的；只有几个月的时间，超新星就会从视野中渐渐模糊、消失。超新星的消失是因为恒星的死亡，准确地说是爆炸。我们所看到的大多数光线都来自于爆炸所形成的大量放射性镍衰变。镍元素衰变为钴，半衰期仅为 6 天；钴元素到铁的衰变，半衰期为 77 天。几个月内，超新星就渐渐消失在我们的视野中。

质量很大的恒星也会在生命的尽头以超新星的形式爆发，前提条件是恒星质量为太阳质量的 20~50 倍，或者当恒星内部的铁核开始吸收光子并分解为氦核。由大质量恒星爆发形成的超新星的亮度也是恒星亮度的几十亿倍，但是同白矮星不同的是，由于这些超新星的前身星质量为大于八个太阳质量的任意值，因此其亮度并不是相同的。利用观测到的这些超新星光谱的化学符号给超新星命名，它们分别被称为 Ib 型、Ic 型或是 Ⅱ 型超新星。因此，根据光谱，天文学家能够容易地区分开来自于大质量恒星的超新星，以及来自于白矮星的超新星，即 Ia 型超新星。

Ia 型超新星之所以能够成为标准烛光的重要原因是，由于这些超新星都源于质量差不多的白矮星爆发；因此，尽管其亮度不完全一样，也相差不多。天文学家开始学会通过光谱区分 Ia 型超新星的亮度，这是超新星研究历史上的一大进步。能够区分不同亮度 Ia 型超新星的能力意味着，研究人员也能够区分正常亮度的 Ia 型超新星。一旦天文学家从银河系或是包含造父变星的临近星系中知道了 Ia 型超新星的绝对星等，他们就可以根据标准烛光的绝对星等和视亮度计算出任何新发现的超新星距离，只要能区分出这颗超新星是偏暗的、偏亮的还是正常亮度。因此，对每个新的超新星来说，天文学家都能在哈勃图上加上一组数据。根据 Ia 型超新星巡天项目的测量，我们可以把哈勃图延伸到更远的范围。

超新星宇宙学项目和搜寻高 z 值超新星

在 1990 年代，两个独立的天文学家团队开始这样做。劳伦斯伯克利国家实验室的索尔·普尔穆特领导的一个小组将自己称为超新星宇宙学计划，简称超新星组。另一个小组由布莱恩·施密特领导，总部位于哈佛史密森尼大学天体物理学中心，采用了“高 z 超新星搜索”的绰号（“高 z”是指超大宇宙学红移，z 是天文学家用来表示红移的字母），简称高 z 组。

我们不可能预测到一个白矮星何时会爆发，这也是天文学家研究超新星的一大不便。我们不能无所事事地一边喝着酒一边等着超新星按照日程表的排列顺序爆发。然而我们知道，在过去的两千年中，天文学家在银河系中观测到了七颗超新星的爆发：半人马座的 SN185、天蝎座 SN393、天狼座 SN1006、1054 年的蟹状星云、仙后座 SN1181、1572 年的第谷超新星以及 1604 年的开普勒超新星。这些超新星出现的频率大致均等，但是出现的周期却不同。因此，我们假设过去的两千年对于任意漩涡星系中的任意两千年的时间间隔来说是典型的，那么我们可以推测出，平均每个世纪会在一个漩涡星系中发生一次超新星爆发。显然，这是不精确的估计。但是由于我们在 20 个世纪内观测到了七个超新星（平均每个世纪 0. 35 个），我们有理由相信，只要我们有几百万年的观测数据而非短短的两千年，我们就会发现超新星出现的频率在每个世纪 0. 1 ~ 10 个之间。临近星系内的近期超新星统计数据也呈现出同样的结论：平均每个世纪像银河系这样的星系就会出现一颗超新星。

这个信息告诉我们，如果我们对某个星系观测一百年，我们很有可能观测到一颗正处于最大亮度的超新星，这就是我们的目的。但是天文学家的职业生涯不足一百年，这就要求他们用其他的途径寻找超新星。如果我们在一年的时间内对 100 个星系进行观测呢？从统计学的角度来看，这样我们应该能够观测到某颗处于最大亮度的超新星。但如果我们想要在一夜之间发现一颗超新星呢？我们假设每个超新星能够维持一个星期的最大亮度，若我们要将概率增加 50 倍，那么我们一晚上应该观测 5000 个星系。

如果我们不够幸运观测到的不是 Ia 型超新星呢？为了保险起见，我们可以在一晚上观测 50000 个星系，这样我们大概可以观测到 10 个处于最大亮度的超新星，其中一定会有我们需要的超新星。通过后续观测，我们可以区分出需要的超新星，一旦我们找到了 Ia 型超新星，就可以更加深入地研究其绝对星等和红移。有了这些数据，我们就能计算出超新星的距离。

之前所说的两个团队都采用了与我们刚刚概述的策略相同的策略。他们使用了由丹麦天文学家莱夫・汉森、汉斯・乌里卡・尼尔森和亨宁・约根森于 20 世纪 80 年代首创的方法，希望可以有效地发现超新星，然后在衰落之前迅速获得重要的后续数据。它的工作原理如下。首先，这些团队获得了成千上万个星系的图像。然后一个月后，他们获得了这些相同星系的第二组图像。如果在随后的一个月中，影像集中的任何一个星系都出现了超新星爆发，观察者可以通过比较前后的影像来发现该超新星的存在。这些比较为另一个在另一个望远镜旁待命的观测团队提供了目标清单，准备进行后续观察，这将使团队能够收集他们进行标准烛光测量所需的其他数据。但实际上，由于待命队伍一直在等待之中，而观测时间又非常宝贵，因此第一支队伍必须在几个小时之内完成大量的图像比较工作。丹麦团队的望远镜相对较小，使他们不便观测宇宙深处的暗弱天体；此外，他们不像 20 世纪 90 年代超新星宇宙学团队和搜寻高红移超新星团队一样能够快速巡天，发现大量的超新星。这种设备当时仍在发展之中。经过两年的努力，丹麦人放弃了，只报道观测到了一颗 Ia 型超新星。五年后，科技的发展帮助两个团队以更高的效率观测 Ia 型超新星，以实现其测量更远处宇宙哈勃常数的目标。

从远距离超新星的红移以及亮度测量中，我们可以得出什么呢？想象一下，若引力并未减缓星系互相远离彼此的速度——宇宙学家称之为“滑行的宇宙”或者“空虚（无质量）宇宙”。在这样的宇宙中，我们可以利用近邻星系的退行速度或是等价的近邻星系中的哈勃常数，来计算更远处天体的距离。这些天体的距离能够帮助我们预测其亮度，我们可以将预测亮度和测量亮度进行比较。如果两个亮度是一致的，我们就知道我们确实是生活在滑行的宇宙中。

那如果宇宙是有质量的（宇宙的确是有质量的），而且引力减缓了宇宙膨胀的速度呢（引力一定会减少宇宙膨胀的速度）？我们把它称之为“减速的宇宙”。在该宇宙中，与宇宙膨胀速度没有减缓的模型相比，远距离的星系与我们的距离更近一些。相比于滑行的宇宙这一条件下所预测的亮度，若距离更近，星系的亮度就会更高一些。若宇宙的质量和能量很小，则减缓的速度也会很小，那么宇宙的膨胀速度基本没有变化。相反，若宇宙质量和能量很大，则宇宙膨胀的速度在几十亿年的时间内会明显减缓。这两种情况下，相比于滑行的宇宙，减速宇宙中的超新星应该距离更近，亮度更高。该结论正是超新星宇宙学项目和搜寻高红移超新星两个团队想要得到的结果。

1998 年，两个团队都得到了同样的结论：在距离较远时（高红移），Ia 型超新星的亮度比预期低 25%，这就说明它们的距离比预期还要远。两个团队一致认为，无论是减速宇宙还是滑行的宇宙，远距离超新星的亮度都不在其范围内。实际上，超新星的亮度太弱，也就是说距离太遥远了。

有关超新星距离如此遥远的唯一合理的解释就是，宇宙在加速膨胀。某种作用力与引力相反，并超过了引力（更确切地说，我们应该认为是某种作用力使得宇宙的膨胀比过去更快，因为星系的运动只是表面现象，它是由空间的膨胀而非星系运动引起的）。我们生活在一个加速的宇宙，而非减速的宇宙中：随着时间的推移，远距离星系会相互间离得越来越远。宇宙看起来具有使空间越来越快的扩张的能力，并且可以战胜引力，而引力将空间拉回或至少减缓其扩张速度。

加速的宇宙和宇宙的年龄

我们已经了解，当我们利用哈勃常数计算哈勃的宇宙年龄时，我们都是假设宇宙的膨胀速度一直没有发生过变化。如今我们知道这种假设是错误的。相比于我们根据 H 是常数这个假设计算出的年龄，宇宙的年龄要小一些。因为当前的哈勃常数 H 的数值大概为 74 千米每秒每百万秒差距，根据这一数值推算出的宇宙年龄为 140 亿年，那么我们知道宇宙的年龄一定要小于 140 亿年。

若宇宙的加速时间已经很久了，那么宇宙的年龄要明显小于 140 亿年；然而，如果宇宙的加速期仅对哈勃常数的改变产生了很小的影响，那么宇宙的年龄应该是接近 140 亿年。包括冷却白矮星以及球状星团在内的所有的证据都表明，宇宙的年龄最可能在 135 亿~140 亿年之间。

爱因斯坦的宇宙学常数

至少在爱因斯坦相对论方程中添加的宇宙学常数这一层面上，爱因斯坦假定存在一个与引力相反的作用力。他这样想的原因是因为，他认为为了维持宇宙的稳定静止，一定会存在一个与引力相反的排斥力。爱因斯坦的宇宙常数代表了一种排斥力，一种与引力相反的负压力。在哈勃发现宇宙膨胀这一事实后，爱因斯坦摒弃了其方程中宇宙常数这一概念。如今，四分之三个世纪之后，宇宙学常数开始成为爱因斯坦的另一个杰出的洞察成果。

暗能量

尽管物理学家和天体物理家知道这种反引力的作用力仅在距离很远的情况下作用明显，但他们仍然不知道这种反引力作用力是如何产生的。如今就我们所了解的，这种作用力对我们的日常生活、太阳系乃至整个星系中的天体都没有重要影响。尽管我们不知道这是什么，但我们把它称为：暗能量。

人们普遍认为，暗能量是空间的真空能量密度。根据量子力学，我们所认为的真空并不是完全空的，而是充满了不断形成和湮灭的粒子和反粒子。一旦粒子和反粒子不长时间共存——这种情况下它们被称为虚粒子——它们遵循着所有物理学中的守恒定律，包括其中最著名的；能量守恒定律。这些粒子和反粒子的不断形成和湮灭在空间内产生一种使空间膨胀的压力。在短距离范围内，引力起主宰作用。而在很远距离的情况下，所有的这些微小的迸发压力叠加在一起，成了超越引力的膨胀压力。

科学杂志和美国科学进步协会将加速膨胀的宇宙这一发现看作是 1998 年最为重要的科学发现。这一年之后，暗能量，不管它是一种新发现的能量还是第五作用力，很快成为物理学家和天文学家研究的重要课题。他们的研究牵扯到两个主要问题。什么是暗能量？宇宙能量中有多少是暗能量？第一个问题的答案引起了极大的兴趣，它对物理及宇宙的本质产生了重要的冲击。第二个问题的答案更加重要，这是因为暗能量对我们最终确定宇宙的年龄会起到至关重要的作用。

暗能量的本质是现代天体物理中两大紧密相关的谜团之一。另外一个谜团涉及暗物质，对于暗物质我们有两个同样的问题。暗物质是什么？宇宙中有多少暗物质？这些问题就像有关暗能量的问题一样，对最终宇宙年龄的测量都有影响。

第 22 章 暗物质

对于半径大于 8.5 千秒差距的恒星，其自转曲线是平坦的，并且不会像开普勒轨道那样下降。

——薇拉·鲁宾，(Vera Rubin)，“早期型恒星的动力学研究。一，光度测量，空间运动，以及射电天文观测的比较”《天文学杂志》(1962)

暗物质的概念恐怕是现代天体物理学中最激动人心、最吸引人、最神秘，也是最令人费解的概念了。除了本身很有趣之外，暗物质对我们了解如何适应宇宙也具有莫大的启示。当我们利用宇宙微波背景（见第 24 章）计算宇宙年龄（见第 26 章）时，暗物质也是至关重要的。

暗物质，简单地说，就是一种发光很少无法被看到的物质。然而，就算暗物质没有产生足够的光线，我们也能探测到它的存在。但是，暗物质并非是产生光线较少的普通物质；如果是的话，暗物质就不是那么特别了。在 21 世纪，我们了解了几种不同类型的暗物质，有些很熟悉，有些则完全陌生，绝对奇异。

某些类型的暗物质最终是由我们（或至少是物理学家）从实验

室实验中理解的亚原子粒子组成的，并且仅通过名称就已经熟悉：质子、中子、介子和许多其他粒子，包括夸克，以及电子、渺子、K 介子和中微子。根据构成一个粒子的不同夸克组合，这些粒子可以对某些或全部四种作用力做出响应：强核力、弱核力、电磁力和引力。其他种类的亚原子粒子，即不是由夸克组成的粒子，不会对强核力做出反应，而中微子只会对弱核力和重力做出反应。

另一方面，奇异暗物质也对引力做出反应，但是根据不同的暗物质种类，它可以对一种或多种其他力不产生反应。比如在电磁力下，暗物质颗粒的最奇特形式是不会以任何方式发射、产生或与光发生相互作用。这是一种奇特的物质，例如轴子和大质量弱相互作用粒子 WIMPs（见第23章）。这种物质是完全黑暗的。奇异暗物质的存在对于帮助我们确定如何调和对宇宙的认识并最终确定宇宙的年龄具有重大意义。

追溯两个半世纪以来天文学家关于暗物质研究的进展，尽管某些最初认定的暗物质形式并非如此，但也是很有启迪性的。正是这些历史帮助天文学家确信了暗物质的存在。我们的问题可以归结为：如果我们无法看到这个物体，我们怎么知道这个物体是存在的？毕竟，正如我们所说的，眼见为实。

暗物质的故事起源于1783年，英国地质学家、业余天文学家约翰·米歇尔牧师，他假想出了某个半径为太阳500倍但密度相同的恒星。他计算出，从该恒星发射的光线都会由于自身引力作用返回它本身。同时他解释道，“如果自然中真的存在这种恒星，由于它们发射的光线无法到达我们的视线，我们就无法观察到它们。然而如果恰巧有其他比较亮的恒星绕着它们旋转，我们可以根据这些旋转的轨迹推测出这种恒星的存在”。简单地说，这种恒星是黑暗的。这种恒星所包含的物质是我们无法看到的，这是因为其发出的光线永远无法到达我们的视线。然而，我们却能根据这种黑暗恒星对其他天体的引力影响，推断出这种恒星的存在。

约翰·米歇尔牧师所说的黑暗物体确实是存在的。我们将其称为黑洞，黑洞有不同的类型。我们知道，有的黑洞是形成于普通的物质，比如一些黑洞是当质量较大的恒星死亡时形成的（见第21章）；其他的黑洞可能是由奇异暗物质形成。但是因为我们无法观测到黑洞的内部，我们就无从得知这些特定黑洞的本质了。

半个世纪之后，弗里德里希·威廉·贝塞尔发现，南河三和天狼星在空中缓慢移动，这种情况只有在它们各自围绕某个看不见的伴星时才有可能。贝塞尔很有远见地写道，“我们不能将亮度看作宇宙中天体的必要性质。”1862年，克拉克发现了天狼星的伴星，如图22.1所示，这些曾经无法观测到的星体改变了我们原来的认识，因为这些恒星并非是无法看到，只是光线较暗难以观测到而已。它们现在被称为白矮星，我们不认为这些白矮星伴星是暗物质。然而，若距离较远，由于太暗弱，白矮星是无法通过其本身释放的光线被观测到的；所以，远距离的白矮星，尽管可以释放光线，我们仍然认为它是不可见的暗物质的候选者，而且可能是星系中暗物质的重要组成成分。

1845年，英国数学家约翰·柯西·亚当斯和法国天文学家奥本·勒维耶分别独立地利用天王星轨道推断出一个未观测到的行星的存在，并计算出了它的轨道。一年后，柏林天文台的约翰·加勒在观测他们预言的这一神秘行星的运行轨道时，发现了海王星。这个行星并不是绝对黑暗；它只是光线较暗，在没有望远镜的帮助下不易被察觉；直到有人利用望远镜选择正确的观察方向，才发现它

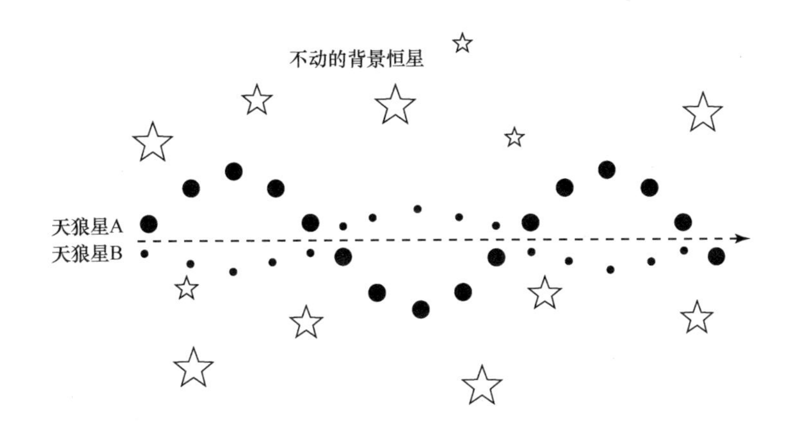

图 22.1 图示为双星系统（天狼星 A 和 B）在几十年间恒星的周期性运动。在最初得到天狼星 A 的运动曲线的 20 年间，由于背景恒星，就算是最厉害的望远镜也没法观测到天狼星 B 的存在。

的存在。天文学家并不认为在太阳系中存在大量远距离暗弱行星、彗星、柯伊伯带天体，或是远距离伴星。然而，如果星系中充满了大量的类似于海王星（甚至类似木星）这种不围绕恒星运转的巨大行星呢？这种天体可以是星系中暗物质的重要组成部分，而且很有可能在接下来的几十年中存在着且不被发现。

金斯爵士于 1922 年提出，既然明亮的恒星更易观测到而昏暗的恒星不易观测，一定会有很多恒星由于亮度过低，就算用最大的望远镜也无法观测到。事实上，他估计“宇宙中每个亮星周边存在三颗暗星”。尽管天文学家发明了更大的望远镜以及对光线更敏感的探测设备，最暗弱的恒星仍然在可观测范围之外。与米歇尔的黑洞、贝塞尔的白矮星以及亚当斯和勒维耶看不见的行星相比，这种暗星有两点相同之处：它们释放或者反射极少的光线；并且很有可能它们都是由普通物质组成。

白矮星释放的光线很少，这是因为它们同正常恒星相比体积很小；行星释放的光线很少，是因为行星体积小温度低；暗星是黑暗的，有可能是因为体积小，或是体积小温度低或者是距离较远；黑洞无法释放光线是由于它们本身阻止光线的逃逸。在所有的这些情况下，我们认为不易被观测的天体确实与光线之间存在反应。它们是由普通物质组成或是由普通物质构成的暗物质。总的来说，这些物质证明了两个多世纪研究中的一个观点：某些物质在宇宙中的存在，需要通过其他天体的行为来进行推测；这些天体的存在无法通过其本身对光线的释放或反射来证明，这是因为这些物质发射或反射的光线太少或是几乎没有。

冷暗物质

弗里茨·兹威基是一位天文学家，从 20 世纪 20 年代到 70 年代，持续 60 年在加利福尼亚帕萨迪纳的加州理工大学工作。1933 年，兹威基测量出了后发座星系团的运行速度，发现它们以每秒几千千米的高速在运动。根据他的计算，这些星系运行速度如此之大，一段时间后，后发星系团中的大多数星系就应该脱离该星系团了。简单地说，后发星系团本不该存在了。但是它确实存在着。兹威基不知道这是为什么。

兹威基的计算是基于他对星系团内所有发光物质的观测——也就是星系的观测而来。当然，在 1933 年，“发光”意味着产生肉眼可以看到的光线。在那时，伽马射线、X 光、红外线、毫米波、射电等都还没发现。利用所有可视星系的亮度，兹威基估算了整个后发星系团的质量，并据此计算出星系团内星系的逃逸速度，逃逸速度指的是星系要从星系团脱离所要达到的克服引力的速度。根据他的计算，运行速度够快的星系应该能够逃离星团，而运行速度较慢的星系将维持在星团内。然而尽管后发星系团内的星系达到了逃逸速度，后发星系团也并没有瓦解，如图 22.2 所示。兹维基推测，后发星系团内一定存在大量的不可视物质，因此真正的逃逸速度一定比他根据发光物质总量计算出的速度大得多。根据他的计算，后发星系团的所有不可视物质的质量应该是之前他估算的发光物质质量的 400 倍，才能产生足够大的引力以维持整个星系团内部所有星系的稳定，使得即使速度最快的星系也被束缚在星系团中。现代天文观测的进步对兹维基的工作进行了修正，将暗物质的质量由最初的 400 倍减少至 50 倍，但是兹维基得到的结论依然是正确的：整个后发星系团中 98%的物质都无法产生足够的可见光。这种物质是什么？黑洞还是白矮星，或是木星？

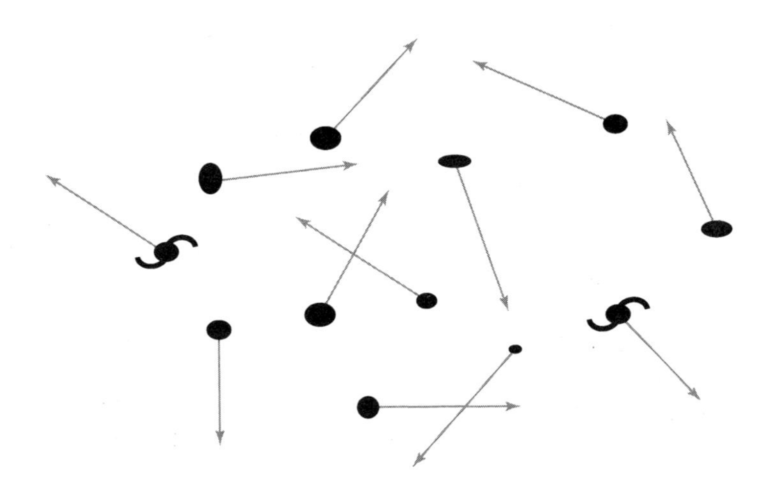

图 22.2　后发星系团中星系的运动图例。兹维基发现星系的运动速度足以使其从星系团中逃逸。

这些看不到的物质，像星系一样，并没能从星系团中逃逸，这让兹维基意识到，不管这是何种物质，它的组成成分的速度一定和星系本身的速度一致，而远小于光的传播速度。在天体物理环境中，慢速的粒子或天体——这里的“慢”指的是相对于光的传播速度——被称作“冷物质”，而快速运动的粒子被称为“热物质”。由于不可视物质在天体物理角度来说是“冷”的，因此兹维基将其称为“冷暗物质”。

兹维基有关后发星系团的研究将“冷暗物质”带入20世纪的天文界，1999年天体物理学家西德尼·范登堡评论说“兹维基的研究是20世纪最重大的物理发现之一”。时至今日，无人质疑该评价；但在20世纪30年代，兹维基的很多同事都没有重视他的这一重大发现。只有其中一个来自威尔逊天文台的天文学家辛克莱·史密斯确实关注了这一问题，他在1936年通过对室女座星团的研究，得到了同后发星系团几乎完全一致的结论：星系团内30个独立星系的速度最高可以达到1500km/s，除非整个星系团的质量是哈勃通过接收到的光线计算得到质量的200倍之大（同样，当代研究将这一数字减小至25~30倍之间），否则该速度足以使得整个星系团瓦解。史密斯很有远见地推断，也许星系本身的质量计算是没有错的，只不过这些看不到的物质很有可能像“星云间的物质，均匀地分布或是以大量低光度星云的形式围绕在星云周围”。

1959年，在普林斯顿高等研究院工作的弗里茨·卡恩以及Lodewijk Woltjer从一项名为“本星系群（指的是包括银河系和仙女座在内的小星系团）”的研究中总结到，本星系群只有在包含大量星系间物质时才能维持稳定。他们又进一步推断，这种不可见物质很可能存在于星系间的高温气体中。他们的推断是正确的。

热暗物质

最终，兹维基断定一定会存在的物质终于被发现了，但是这种物质并不是又冷又暗的；该物质的温度和亮度都很高。只不过在1959年天文学家所使用的工具和望远镜无法观测到这种亮度。X射线探测器能够胜任这个工作，但是由于地球大气阻挡了所有的X射线到达地球表面，我们也只能等到卫星望远镜的出现才得以对其进行观测了。

自从20世纪60年代中期的探测火箭测量的开始——该项目由里卡尔多·贾科尼领导，他是X射线波段天文学的奠基人，荣获了2002年物理学诺贝尔奖——星系团成为研究X射线的最亮的天体物理源。随着20世纪70年代早期发射的第一颗X射线卫星，天文学家可以确信，星系团中的X射线来自于星系之间的热气体云，而非星系本身；1978年发射的爱因斯坦卫星以及1999年的钱德拉X射线卫星收集到的星系团图像显示，星系间的空间充满了温度高达几千万度的气体。在这种高温下，星系团内的星系间气体能够发射大量X射线。

相对于冷暗物质来说，发射X射线的气体很热，这里的热不仅仅是指温度上，而是指运动上：它以每秒钟几千千米的速度运动。在这种高速运动下，单个星系的引力难以将气体束缚住。然而，整个星系团的质量可以做到这一点。如今，我们了解了冷暗物质和热暗物质，尽管热暗物质不是严格意义上的暗物质，因为它能够发射大量X射线。

星系团内发射X射线的热原子的总质量是之前计算的星系本身质量的10倍。这部分质量都来自于大量在过去无法看到的物质。在真正发现这种星系间气体云之前，没人能想象得到，整个星系团质量的90%都是以热气的形式存在于星系之外的。

然而，这些发射X射线的热气的质量依然无法解释兹维基所提出的问题。为了解决他所说的暗物质的问题，我们还应该在星系内找到某些物质，其质量相当于可见物质质量的 50 倍；这些炽热的星系内气体也仅仅提供了 10 倍于可见物质的质量。这些星系团内，一定还存在着其他的物质，总质量为这些发出 X 射线物质的 3～5 倍，且无法被紫外线、红外线、射电或是 X 射线望远镜探测到。基于一些其他的证据，我们确信，这种物质一定是又冷又暗的。

开普勒第三定律，回转

让我们对银河系这个漩涡星系在脑海中产生一幅图画。漩涡由两部分组成，即圆盘和光晕。发光盘是一个扁平的结构，包含年轻和年老恒星，巨大的气体和尘埃云以及大量的低密度星际介质，从头到尾延伸约 30 千秒差距（10 万光年）。除了可见的恒星盘之外，还有大量的氢气云，它们仅以无线电波长发射光，并且可以用射电望远镜看到。在盘内，恒星和巨大的云以相同的方向绕银河系中心运行。而可见光晕几乎完全由老年恒星（巴德的星族Ⅱ型恒星）组成，形状为椭圆形，包围了圆盘，并且大小与圆盘相当。然而，与盘中的恒星和云相反，光晕内的恒星在各个方向绕银河系中心运行。

根据牛顿版的开普勒第三定律，也就是引力定律的直接结果，天文学家利用恒星和气体云的轨道速度计算星系的质量。首先，他们测量出恒星或气体云围绕星系中心运动的轨道速度。对于某个单一恒星或气体云来说，其速度，加上恒星或气体云到星系中心的距离，就能计算出其轨道周期。轨道周期和轨道的大小，加上开普勒第三定律，就能计算出轨道内的总质量。

若一颗行星围绕着双星系统运行，那么两颗恒星的质量都会对行星轨道产生影响。现在想象一下一颗被球形小行星云包围的恒星。该球形小行星云包含几千万个小行星，其总质量相当于整个恒星的质量，且小行星云的直径和木星轨道直径相同。我们将一颗行星置于围绕该恒星的轨道上，但距离为木星距离的 10 倍，即距离小行星云很远。这种情况下，行星的轨道速度会受到恒星质量加上小行星云质量的双重影响。小行星云没有压缩，也不在轨道中心附近，这没有关系；小行星云是球形且延伸至行星轨道，也没关系。同样，我们对其中任何一个小行星的体积都不了解，也不知道到底有多少个小行星，这些都没关系。

现在，我们把该行星放到一个不同的轨道上。我们将其放置到木星距离以内，在小行星云的内部。这种情况下，行星的轨道速度受到中心恒星和行星轨道内部所有小行星质量总和的影响。就算有 50%甚至 95%的小行星都在行星轨道的外部，这些小行星的质量总和也不会影响我们的行星的轨道速度。

星系的旋转曲线：冷暗物质

1939 年，霍勒斯·巴布科克（Horace Babcock）利用引力的这些数学及物理性质来测量仙女座星系中恒星的轨道速度。他试图判断仙女座星系的质量分布，并计算出整个星系的总质量。巴布科克对样本中每个恒星运动和位置进行了测量，用来估算仙女座中心到那颗恒星距离内体积的质量。若仙女座的质量大部分分布于中心位置，则中间或是远距离恒星的轨道速度都是由同一个质量决定的。在这种情况下，轨道速度会随着恒星距离的增大而减小，就如同太阳系内行星的轨道速度会随着与太阳距离的增大而减小是一样的。天文学家将这种质量都聚集在中心位置的轨道模型称为“开普勒模型”。

例如，地球的轨道速度约为 30km/s；木星和太阳的距离是地球与太阳距离的 5 倍远，其轨道速度比地球的速度小约 2.5 倍，也就是 13km/s；海王星与太阳的距离相当于地球与太阳距离的 30 倍，其速度比地球速度小 5.5 倍，约为 5.5km/s。从数学角度解释，当质量全部集中于中心位置，轨道速度是轨道半径的平方反比：若某个行星的轨道半径为地球轨道半径的 9 倍，其轨道速度则是地球轨道速度的 1/3。

另一方面，若仙女座的质量并非集中在中心，而是分散在整个星系中，则相比较于离中心较近的恒星来说，距离中心较远的恒星会受到更大的周围质量分布的影响。在这种情况下，随着与中心距离的增加，天体的轨道速度可能随着轨道半径增大、保持不变或是减小，这都取决于星系内部质量是如何分布的。

将很多距离不同的天体的轨道速度测量结果合在一起，就能得到星系内质量的分布。我们将这个距离不同的恒星速度分布图称为旋转曲线。*X* 轴表示恒星相对于星系中心的距离，*Y* 轴表示恒星的轨道速度。

巴布科克发现了什么呢？仙女座的质量是像太阳系一样聚集在中心，还是平均分布在整个星系呢？巴布科克的结果表明，从星系中心一直到 100 秒差距的范围内，恒星的轨道速度一直在增大。这个结果告诉我们，100 秒差距范围内的星系质量并非是聚集在中心的；在 100 秒差距范围内，其质量是随着距离增加而增大的。从 100 秒差距到 300 秒差距的范围内，轨道速度随着距离增大而减小。

这部分旋转曲线接近于开普勒模型，说明300秒差距范围内的质量大多集中在了100秒差距范围内。也就是说，100秒差距到300秒差距之间并没有太多的质量分布。然而，从300秒差距一直到距离中心6000秒差距，恒星速度持续增大。对于这种结果唯一的解释就是，仙女座星系内300秒差距到6千秒差距的范围内存在大量的质量分布。

之前，根据仙女座内所有可见物体发射的光线，如恒星、气体云和尘埃，已经对仙女座的质量进行了估算。单纯的根据恒星和星云的位置以及所产生的光线来看，大部分质量分布在星系中心，盘外存在部分质量但并不大。这种质量分布应该类似于开普勒模型，恒星速度应该随着距离的增大而缓慢减小。但是，巴布科克的这个观测结果与根据开普勒模型的估算完全相悖。

如果恒星的实际速度远比我们根据星系可见光线计算星系质量估算得到的恒星速度大，那么星系中一定存在着无法看到的物质，这种物质无法通过任何电磁辐射的形式证明自己的存在。既然这种物质并未从星系蒸发，其运动速度一定是和恒星速度相当，远小于光速，则该物质一定是又冷又暗的。

1962年，薇拉·鲁宾接替了巴布科克未完成的研究工作。为了确定距离银河系中心5千秒差距至11千秒差距范围内的旋转曲线，她测量了距离太阳3千秒差距以内的888颗恒星的轨道速度。鲁宾对银河系所得出的结论与巴布科克对仙女座的研究结论一致。她发现，“当半径大于8.5千秒差距时（比太阳距银河系中心更远），天体自转曲线并非像开普勒模型那样减小，而是趋于平坦”。只要星系内距离中心8千秒差距至11千秒差距的范围内，星系质量随着距离的增加而成相同比例增加，就会形成这种平坦的旋转曲线。

平坦是现代天文学的一个新的词汇。星系的“平坦旋转曲线”表示，在距中心距离的巨大差异内，星系中的恒星却具有基本相同的轨道速度。星系中的发光物质所提供的引力作用，并不能满足这种轨道速度，因此平坦的星系旋转曲线的唯一解释就是，星系内存在极其大量的物质是又冷又暗的，是目前无法观测到的。事实上，为了解释鲁宾所得到的银河系旋转曲线，星系中至少 90%的物质应该是冷暗物质。1970 年，鲁宾和肯特・福特一起观测高温的电离氢气云，并得出结论，仙女座自星系中心至 24 千秒差距的范围内旋转曲线一直趋于平坦。随后，莫尔顿・罗伯茨和罗伯特・怀赫斯特通过研究氢原子的射电波，将旋转曲线数据延伸到 30 千秒差距的范围。旋转曲线依然是平缓的。到 20 世纪 70 年代中期，有人专门测量漩涡星系的旋转曲线。当然毫无例外，天文学家的结论都是一致的：所有的旋转曲线都是平坦的。

第23章

奇异暗物质

研究了所有证据后，我们认为宇宙中存在不可见物质的理由非常有力，而且越来越有力。

——珊德拉·法贝尔，约翰·加拉赫，（Sandra Faber和John Gallagher），“星系的质量和质光比”，《天文学与天体物理学年度评论》（1979）

200年来，天文学家不断发现暗物质存在的迹象，直到20世纪80年代中期，暗物质存在的证据已经呈势不可挡的趋势。然而，这种物质的本质仍然是个谜。那些已经被发现的暗物质，如黑洞、白矮星、行星以及热气体，和地球上发现的物质并没有什么物理上的差异。因此，人们相信，导致星系形成平坦旋转曲线的这种还未被发现的物质应该也没什么两样。

根据上一章的内容，为了解释旋涡星系平坦的旋转曲线，星系内的某些物质一定是冷暗物质。或许，它包含了大量漂浮在恒星间的彗星和像木星一样的天体。或者，这种物质主要是暗弱的红色恒星、白矮星、中子星或是黑洞。然而，这些猜测都无法满足天文学家有关这种看不到的物质质量的上限要求。冷暗物质也可能是由大量的亚原子粒子组成，有的速度缓慢（冷），有的速度很快（热），这些粒子充满了星系和星系际空间，且不易被发现。

轴子

轴子是被假设速度缓慢，质量很小的粒子。每个轴子的质量仅为电子的千分之一，甚至是百万分之一，它大量产生于宇宙大爆炸时期。人们普遍认为，轴子十分稳定，其寿命是现在宇宙年龄的几十亿倍。因此，在我们宇宙历史的第一秒的前部分（见第 24 章）的熔炉中产生的轴子现在应该仍然存在。轴子无处不在，在银河系以及其他星系中，乃至日常呼吸的气体中，平均每立方厘米的空间内存在着超过一百万亿个轴子，把它们的质量加在一起可以很大程度上解决冷暗物质的问题。前提是它们是真实存在的。在我们的星系中，星系晕中和包围着地球和太阳的空间应该充满了轴子；地球每时每刻都在穿过轴子云。我们需要做的就是探测到轴子的存在，但是这并不是那么容易的。

20 世纪 70 年代中期，随着暗物质成为天体物理界的一大谜团，轴子的存在也成了量子色动力学（QCD）的中心理论，量子色动力学揭示了强核力是如何维持原子核的稳定。没有轴子，量子色动力学就不完整了，物理学家就不得不为了整个理论的运行再去寻找另外一种有着同样性质的粒子。否则我们就只能重新定义这些理论，寻找不需要这种粒子支持的强核力理论了。

轴子不携带电荷，且几乎不与其他任何物质发生强核力或是弱核力的反应；也就是说，轴子几乎不发生碰撞，但并非不可以发生碰撞。这给证明它们的存在造成了很大的困难。然而实验者相信，尽管轴子很稳定，但它们可以被“哄骗”：轴子在强磁场的环境下可以被诱导衰变为其他粒子。尽管这种情况不常见，但是当轴子与磁场中的光子碰撞时会发生衰变。然后，就可以通过观测衰变产物的方式，间接证明轴子的存在。加州的劳伦斯利福摩尔实验室的轴子暗物质实验（ADMX）是利用一个强度为地球磁场 200000 倍的磁场，试图诱发实验室环境中的轴子与光子碰撞，发生衰变。其他搜寻轴子的研究人员也在做着同样的工作，欧洲核子研究中心（CERN）有一个叫作轴子太阳望远镜（CAST）的项目，试图在太阳中心位置，寻找由光子、电子和质子碰撞产生的轴子。太阳系内的轴子并不会轻易与太阳中的普通粒子碰撞或发生反应，它们会直接飞出太阳。尽管轴子的存在对 QCD 理论必不可少，但是至今为止，不论 ADMX 还是 CAST 或其他研究人员都没有发现它的存在；可能是因为轴子不能通过这种途径证明它的存在，也可能是因为轴子根本就不存在。如果轴子无法解释暗物质谜团，那暗物质到底是何种粒子或物体呢？

大质量弱相互作用粒子（WIMPs）

20 世纪 70 年代晚期，物理界开始假设一种大质量粒子的存在，其质量为质子质量的几十至几百倍，且很有可能在宇宙早期大量存在，并且可能在当今宇宙中仍然可以找到。这些粒子只能通过弱核力和引力与其他物质反应，由于其质量较大数量较多，很有可能能解释暗物质的问题。这些大质量弱相互作用粒子很难通过电磁力相互作用，因此无法释放或吸收任何光线，因此它们不可能被看到；而且由于它们仅能够对强核力发生微弱的反应，因此在实验室中不易被探测到。

第一个作为大质量弱相互作用粒子候选者的是大质量的中微子（质量与电子相近或比电子更大），据说早在1977年就有理论推测其存在了。尽管现在人们认为大质量的中微子并不存在，但还有三种中微子存在（电中微子，μ子中微子和τ子中微子）。总的来说，中微子是宇宙中数量仅次于光子的第二多粒子，除了中微子不含电荷且不与电磁力反应这点，其他性质同电子相似。然而，近期的实验表明质量最大的中微子的质量也仅为电子的百分之一；如果是这样，那么宇宙中所有的中微子的质量加起来也不能解释我们所说的暗物质。

作为超对称性（SUSY）的一部分，有人提出了其他类型的大质量弱相互作用粒子（WIMP），其目的是将量子力学理论与爱因斯坦的广义相对论引力理论结合起来。在超对称理论中，每个正常粒子都有一个超对称粒子，其性质除了量子力学自旋之外与普通粒子并无两样。此外，超对称粒子的质量比其普通的同伴更重。超对称粒子的例子包括“超对称中微子”、“超对称电子”、“超对称夸克”、“超光子”、“重力子”、“酒子”、“锌子”和“中性子”。由于质量小的粒子比质量较大的粒子具有更长的寿命，因此所有假设粒子中最小的粒子“中性子”很有可能还大量存在于宇宙中。因此，许多物理学家认为中性子是解决暗物质问题的最佳候选粒子。在接下来的十年中，位于日内瓦CERN的大型粒子物理加速器可能会为中性子的存在提供一些证据，但迄今为止，尚未找到有关其存在或任何其他超对称粒子存在的证据。

大质量致密晕族天体（MACHOs）

当很多实验物理学家都在研究暗物质的时候，天文学家也尝试着从测量大质量致密晕族天体丰度的角度解决暗物质问题。MACHO，指的是大质量致密晕族天体，它是轴子或大质量弱相互作用粒子所不能比拟的大质量天体。大质量致密晕族天体位于银河系的球状晕中，它们可能以各种形式存在，如行星、暗星、褐矮星、白矮星、中子星或者黑洞。

引力透镜

1986 年，普林斯顿天体物理学家玻丹·帕琴斯基提出，星系晕中的大质量致密晕族天体（MACHO）能够作为引力透镜使来自于遥远光源并经过 MACHO 的光线弯曲聚集起来，并通过这种效应被人们探测到。根据他们的计算，引力透镜效应能够帮助天文学家测量出大质量致密晕族天体的质量。这将成为天文学家的重要测量工具。引力透镜到底是什么呢？

如果我要从纽约到北京，那么我可以选择两个城市间的最短距离来节省燃油。这个三维空间中最近的距离应该是穿过地壳和地幔的直线隧道距离。当然，从美国到中国的隧道是不存在的，并且很有可能永远也不会存在。因此，最短的路应该是坐飞机从北极上方飞往北京。由于我们的航班只能在地表以上几千英尺的距离飞行，那么最短的“直线”路径就应该是沿着地球的弯曲表面。用数学术语来说，我的航线也就是测地线，连接弯曲空间之间的最短距离。

光线的一个十分普通的物理性质是，光线总是沿着两点间的最短距离进行传播。因为空间和地表一样都是弯曲的，因此在我们看来那些最短的路径并不一定都像平坦空间中的直线。源于爱因斯坦广义相对论中的一个更为大胆的有关引力的推测是，质量决定了空间的形状，这也是对引力的基本数学描述。质量较少的空间总是比较平坦的，而大质量的空间相对弯曲。光线不能在空间外传播，因此光线只能沿着弯曲空间内的最短路径传播。我们有理由将光的传播路径描述为，弯曲空间内的直线（即最短路线）。然而这并非我们常用的表达方式。事实上，我们总是将该现象描述为，物质使光线的传播路径弯曲，听起来像是光线在平坦空间内沿着曲线传播，这是不正确的。但是不管我们如何描述这一现象，其结论都是一样的：光线在空间内沿着最短最快的路径传播，空间的形状是由质量决定的。

1919 年，为了检验爱因斯坦的广义相对论，亚瑟·爱丁顿爵士（Sir Arthur Eddington）率领一支探险队前往普林西比岛（Princise），该岛横跨赤道，位于加蓬附近，加蓬位于西非沿海。同时，在爱丁顿（Eddington）的指示下，安德鲁·克罗梅林（Andrew Crommelin）带领另一支英国团队在巴西北部的索布拉尔（Sobral）进行了相同的测量。1919 年 5 月 29 日，在日全食 5 分钟的过程中，爱丁顿和克罗梅林及其团队将测量毕星团中某些恒星的位置，而在日食期间，毕星团正好位于太阳圆盘的背光面。根据爱因斯坦的理论，太阳的质量会使得空间弯曲，因此太阳附近的区域将会像透镜一样使得光线弯曲和聚集，那么这些恒星的实际位置将与其根据牛顿引力理论得到的位置有一弧秒的偏差，如图 23. 1 所示。这些科学家的探索是成功的；11 月 6 日在伦敦，皇家天文学家弗兰克·戴森爵士在皇家协会和皇家天文协会的闭门会议中，将此研究结果向他的天文学同事们进行了报道。11 月 7 日，伦敦时报以“科学革命，牛顿理论被推翻”为标题，宣称“宇宙框架的科学概念将被改变”。三天后，纽约时报的头条是“爱因斯坦理论大获全胜，恒星并不在其看起来或是计算出的位置”。爱因斯坦一夜成名。

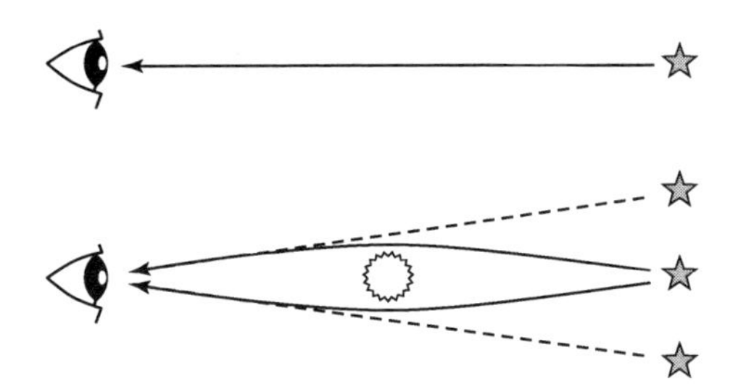

图 23.1　引力透镜效应的图示。上图表示在没有引力透镜效应的作用下，光线沿着直线传播至观测者。下图表示，当观测者和光源之间存在大质量的天体，观测者无法在恒星本身的位置看到该恒星。然而，恒星的光线由于引力透镜效应弯曲，因此观测者能够看到恒星的多重像。

近几十年来，天文学家观测到了大量大质量物体弯曲光线的例子。这种现象现在被称为引力透镜效应；改变光线路径的天体被称作引力透镜，那些光线被弯曲而得到一个或多重像的远距离天体被称作背景源。近些年发现的引力透镜包括从银河系中绕着远距离恒星运动的地球大小的行星到宇宙中的超大质量星系团。引力透镜效应中，背景源所呈现的图像的数量和形状取决于几个因素：引力透镜的质量，地球和引力透镜之间的距离，引力透镜与背景源图像之间的角距离，以及引力透镜到更远背景的距离。若引力透镜质量足够大，且其与背景天体的角度足够小，则我们能够观测到多个拉伸和弯曲的图像。这种现象被称为“强引力透镜效应”。在其他情况下，若引力透镜效应不足以形成多个图像或是弯曲拉伸的图像，但是足以将图像拉伸，这种情况被称为“弱引力透镜效应”。

大质量致密晕族天体（MACHO）项目

1992 年，大质量致密晕族天体项目团队开始对大麦哲伦云中 1200 万颗恒星进行研究。由于大麦哲伦云在天空中的位置，地球上的天文学家必须穿过银河系（10 千秒差距）的晕来观测距离相对较远的大麦哲伦云（55 千秒差距）。结果，银河系中经常出现有恒星挡在大麦哲伦星云中恒星的正前方的情况。在这短暂的挡住时间间隔内，晕中的恒星成为引力透镜，成为大质量致密晕族天体，并影响了来自大麦哲伦云中恒星的光子路径。项目团队会观察几天到几周内是否有大麦哲伦云恒星缓慢，平滑地变亮，然后以完全相同的方式恢复到正常亮度。这个亮度的变化是引力透镜效应所传达出来的信号，说明大麦哲伦云中的恒星恰好经过晕族恒星的后方。通过对这 1200 万颗恒星亮度的监测，MACHO 项目团队获得了银河系中看不见的暗淡晕星数量的统计意义上的估计。

直到 2000 年，MACHO 团队发现了少量类似于大质量致密晕族天体的例子，并表示，根据统计数据，大质量致密晕族天体构成了银河系中所有暗物质质量总和的 20%。另外一个竞争团队 EROS-2 通过对大小麦哲伦云中 3300 万颗恒星的观测，于 2007 年提出大质量致密晕族天体在银河系中暗物质的组成成分不超过 8%。不管正确的数字是低于 8%还是 20%，星系晕中的大质量致密晕族天体的质量不足以解释冷暗物质这一问题。

大质量致密晕族天体的问题

除了上面提到的大质量致密晕族天体不足以解释暗物质谜团这

一问题，大质量致密晕族天体还面临着另外一个问题：若星系中由普通物质（质子、中子、电子）形成的天体质量足以解释暗物质谜团，那么质量应该是现在的 10 倍之大，这样在宇宙初期的几分钟内物质密度也应该是 10 倍。我们在第 24 章和第 25 章中能更好地理解这一问题，早期宇宙中较高的物质密度意味着，在宇宙大爆炸核合成时期很多极高能的核子会发生更多的碰撞。更多的质子-质子和质子-中子的碰撞意味着，更多数量的重氢会更快地产生出来；最初三分钟内更多的重氢又意味着会产生更多的氦，反过来降低了重氢的密度；氦又会产生更多的锂、甚至是碳、氧以及其他重元素，这一情况会一直持续，直到密度降至正常核聚变所需要的程度以下。这个解决冷暗物质之谜的方案（例如，MACHOs）将大大增加宇宙中质子和中子的数量，这可以是一种解决方案，但该方案与我们已经在宇宙中观测到的这些元素的相对比例不一致。宇宙中 MACHOs 的相对稀缺与我们对宇宙了解的其他一切一致，因此 MACHOs 和EROS-2（寻找暗物质实验）实验的结果证实了我们从其他宇宙学测量中学到的知识；但是，它们并不能引导我们更好地理解冷暗物质到底是什么。

为了能解释天文学家测量到的宇宙中元素的相对数量、星系平坦的旋转曲线以及星系团中星系的超高速度这些问题，冷暗物质可能并非一定是仅仅又冷又暗的。它一定是与众不同的。这种物质必定是通过引力与宇宙中的质子和中子反应，却无法和光线发生任何形式的相互作用；也就是说，构成冷暗物质的成分一定不与电磁力反应。这就是为什么轴子和超对称粒子是冷暗物质的最佳选择。尽管地球上有关轴子和超对称粒子的实验研究没有任何进展，但其他的天体物理测量——尤其是利用 X 射线和可见光空间望远镜的引力透镜实验——已经有明显的证据表明宇宙中一定存在大量的冷暗物质。这种冷暗物质不可能由普通物质组成，那么它一定是由奇异暗物质组成，可能是轴子或超对称粒子，也可能是其他我们完全不知道的物质。

子弹星系团

引力透镜技术的应用以及检验冷暗物质存在的一个特殊的例子就是子弹星系团。子弹星系团实际上包含两个在 1.5 亿年前以 4500km/s（也就是光速的 1.5%）的速度发生碰撞的星系团。考虑到这一碰撞，应思考在这期间星团的主要成分究竟发生了什么，碰撞的结果取决于冷暗物质是否存在。星系团组成成分之一是能够产生可见光、红外线或是射电的星系成分，也就是星系中的恒星和气体云；它们是由普通物质组成的。第二类组成成分是温度高达几百万度的星系间气体，主要是氢气，能够通过 X 射线观测到，也是由普通物质组成。第三类物质是暗物质，如果我们有关平坦旋转曲线的推论是正确的，尽管我们并不清楚暗物质到底是轴子、大质量弱相互作用粒子、大质量致密晕族天体还是某些未知的物质，但是暗物质至少占据了整个星系内部质量的 80%。我们可以确信前两种成分是一定存在的。但是第三种成分呢？如果没有其他可以解释星系平坦的旋转曲线的方法，那暗物质一定是存在的；然而，也有物理学家认为我们的引力理论是不完整的，在牛顿定律基础之上稍加改进的 MOND 理论（修正牛顿动力学理论），可以在不诉诸暗物质的情况下解释平坦的旋转曲线。某些 MOND 理论的拥护者表示天体物理学家也并没有说明轴子或超对称粒子是否真实存在。对子弹星系团的观测提供了针对修正牛顿动力学理论的明确反证。

星系可见部分的物理尺寸只有几万光年（银河系的可见范围直径为 100000 光年），相比于星系团内星系间的几百万光年的距离（银河系到仙女座的距离为 250 万光年），这个距离太小了。同样的，相比于整个鹅群中两只鹅之间的距离，某只鹅的翅膀的尺寸也很小。

现在想象一个场景，两群鹅以相反的方向在芝加哥威利斯大厦上方飞翔。在这种情况下，不太会有两只鹅相撞的情况；两群鹅也能恰好从彼此身边飞过，不发生碰撞。接下来，让我们想象某鹅群向北部加拿大方向迁徙。由于墨西哥湾的高压，来自墨西哥湾的高温湿气与鹅群具有同样的速度和方向。这样，鹅群周围充满了高温湿气，二者共同向北方前进。同时，另一鹅群向南部佛罗里达前行，由于北极地区的高压，该鹅群受到冷空气的影响，与冷空气具有同样向南的速度和方向。这样，每个鹅群都包含了两种因素：生物因素，也就是几百只鹅；非生物因素，即无数的不可视气体分子。

我们再次想象两个鹅群在威利斯大厦上方相会。鹅群依然能够从彼此身边飞过，但是当冷空气和热空气在大厦上方汇集，二者发生猛烈碰撞。它们无法毫发无伤地通过，它们停了下来。这样芝加哥上方形成了气团锋面。电闪雷鸣，而鹅群依然继续前行，一个鹅群前往加拿大，另外一个前往佛罗里达。几个小时后，一个鹅群到达威斯康星州上方，另外一个则到达印第安纳波利斯。而芝加哥则会下雨。

两个星系团内可见的星系，就如同我们所说的鹅，互相通过，几乎对彼此视而不见。星系间通过引力对彼此产生稍许的影响。也许有的星系会由于其他星系的引力作用而发生畸变或是拉伸，但是它们之间的距离很大且移动速度很快，因此引力作用几乎不会产生任何影响。但是不要忘了，每个星系团内的星系之间都充满了大量的几百万度的高温气体。当两个星系团互相通过彼此时，其高温气体相互碰撞，就如同地球大气中的冷锋和暖锋相遇。由于这种碰撞，气体云停了下来，而星系本身继续沿着最初的方向运动。如今，距星系首次碰撞已经过去了 1.5 亿年之久，X 射线波段的气体云却仍然处在碰撞发生的位置，而可见的星系已经继续沿着各自的轨道运动了。

这就是子弹星系团有意思的地方。在一个典型的星系团内，星系间发射 X 射线的等离子体的总质量相当于星系内普通物质（产生可见光、红外线、射电的恒星以及冷气体云）质量的十倍。子弹星系团也不例外：已经从星系团内移除的等离子体的总质量相当于星系内恒星和气体云质量的十倍。碰撞发生后的 1.5 亿年，子弹星系团包含两个区域。中心区域是通过钱德拉 X 射线望远镜观测到的热气体图像，包含了 90%普通物质；外围区域是哈勃望远镜观测到的两个星系团，分别处于热气体区域的两侧，它们加起来包含 10%的普通物质。

若子弹星系团担负着远距离星系引力透镜的重任，那么其空间内质量较大的部分（中心还是外围?）一定是起主导作用的。根据观测到的普通物质的分布情况，若热气体和星系团内的物质均为普通物质，又因为发射 X 射线的气体的质量为可见星系团质量的 10 倍，那么热气一定是透镜的中心。奇怪的是，观测显示，事实恰恰是相反的。

2004 年，道格拉斯·克洛韦领导一支队伍，利用哈勃空间望远镜研究子弹星系团的弱引力透镜效应。他们发现，与可见星系有关的区域主导了整个引力透镜效应。事实上，子弹星系团中 80%的质量都在可见星系的区域附近；然而，我们所能观测到的星系团内的普通物质，其质量仅为发射 X 射线的等离子体质量的 1/10。唯一合理的解释就是，大量的暗物质在星系周围，或是在星系内部。此外，不论暗物质是什么，其通过引力发生作用（形成引力透镜效应），但不会发生碰撞：当星系团发生碰撞时，暗物质恰好能穿过，可见星系也是这样的。修改牛顿动力学理论是错误的。不发生碰撞的暗物质是确实存在的。

这些子弹星系团的观测给我们提供了有关星系团三种组成成分的新信息。第一种成分，大概占据星系团总质量的 1%~2%，是组成恒星和气体云的普通物质。第二种成分，占据总质量的 10%~20%，也就是第一种成分质量的 10 倍，同样是由普通物质组成，以发射大量 X 射线的热气体的形式存在。第三种成分占据了总质量的 80%~90%，是包围且渗透在每个可见星系内部的冷暗物质。那冷暗物质到底是由什么组成的呢？我们还是无从得知。

2008 年，布拉达克带领一支队伍研究另外一个大质量的星系团，发现了另外一个子弹星系团，并得出了同样的结论：恒星（可见星系）构成星系团质量的1%，星系间气体构成质量的9%，而暗物质占据了总质量的 90%。

这两个子弹星系团的研究有力地证明了这三种组成成分的存在，尤其是大量的不与其他普通物质反应或碰撞的冷暗物质。事实上，这种不发生碰撞的暗物质才是质量最主要的组成部分。只不过我们并不知道这些冷暗物质是什么。

暗物质的更多证据：消失的矮星系

多数理论天体物理学家认为，星系是由于暗物质粒子的巨大引力影响触发形成的。有人因此推断，星系就是一大块由引力作用结合在一起的暗物质，其中也包含少量的能够被看到的普通物质。事实上，根据多数的理论家的观点，没有最初大量的暗物质，宇宙中的普通物质根本不足以形成星系。

在宇宙的远古时期，暗物质开始成团；暗物质的成团触发了普通物质的成团从而形成了原星系。一旦这种含有暗物质和普通物质的原星系形成，普通物质落到暗物质区域的中心，使得暗物质留在晕中，包围着中心的普通物质内核。一旦恒星开始形成，恒星内部的核聚变提供所需光源，普通物质内核就变成了我们今天所看到的发光的星系。

一些理论学家还预测，像银河系这样的巨型漩涡星系的周围，应当围绕着几十个小星系，这些小星系包含极少的普通物质，因此只有很少的恒星。实际上，这些小星系应该是星系形成早期的残留物。尽管直到近期，天文学家也几乎没有发现这样的矮星系。但到了21世纪初期，随着银河系中更多的矮星系被发现，这一情况发生了变化。这些新发现的矮星系特别有趣，因为它们似乎只包含相对较少的恒星，因此比以前已知的任何矮星系都暗淡得多。但是这些超微弱的矮星系是否只有很少的恒星，因为它们的质量很小？还是因为如理论家所预料的那样，这些星系几乎完全由冷暗物质组成，从而为恒星形成过程创造了无效的环境？

在天文学家研究星系的时候，他们试图测量的数据之一，就是星系内质量与释放光线的比例。太阳的质光比为 1（为了方便天文学家更好地计量，该单位为太阳的质量除以太阳的亮度，而不是克除以瓦特）。若某个星系是由 1000 个质量等同于太阳的恒星组成（总质量为 1000 个太阳质量），且每个恒星的亮度和太阳亮度相同（总量度为 1000 个太阳亮度），则该星系的质光比为 1，即 1000 个太阳质量除以 1000 个太阳亮度，其结果等同于 1；然而，若星系内有 1000 个恒星，每个恒星的质量只有太阳质量的一半（总质量为 500 个太阳质量），并且每个恒星的亮度只有太阳亮度的 1/10（总亮度为 100 个太阳亮度），则其质光比为 5。若星系的质光比较高，则其质量对光线的形成没有直接有效的影响（即星系中的质量产生光线的效率不高）。

在银河系内部，恒星占据主要地位而暗物质的作用十分有限，其质光比大约是 10，这就意味着为了产生和太阳同样数量的光线，需要十个太阳质量的物质。这些质量有的分布在恒星间的气体云里，有的分布在恒星中，有的就是冷暗物质。银河系作为一个整体，其质光比大概是 30~100，其质量主要是冷暗物质。在星系团中，比如兹维基发现暗物质的后发座星系团，其质光比可以达到几百。2007 年，天文学家利用斯隆数字巡天数据发现了质光比更大的星系。这些星系被称为“极暗弱星系”，是银河系中的卫星星系。它们的质光比从几百一直到两千，意味着这些星系主要是由无法形成恒星的物质所主宰。对此现象合理的解释之一就是，这种物质是无法形成恒星的冷暗物质。

暗物质的情况

一个世纪之前，天文学家认为他们知道了何为暗物质。暗物质就是产生的光线很少，致使其无法被观测到的物质。但是随着天文学家仪器的不断进步，很多不太亮的物质都被观测到了，如黑洞盘周围的热气体、白矮星或是远距离行星以及暗弱的恒星、高温星系际气体等。如今，暗物质的定义不同了。

在当代术语中，暗物质的定义被扩展了。暗物质仍然包含某些不易被观测到的普通物质（这些物质主要由质子、中子以及电子这些被统称为重子物质的成分组成）。黑洞、中子星、白矮星和热星际气体就是这类暗物质的例子。但是，该定义现在还包括“异域”的事物，因为它不会以“正常”方式表现。它通过重力影响其他对象，但不会以任何其他方式与其他对象交互（或交互作用太弱，以至于与重力交互作用相比，非重力交互作用可以忽略不计）。这种物体可能是由非重子物质组成（不是由质子、中子或者电子组成的粒子），它可能是轴子、大质量弱相互作用粒子或一些其他还未被发现的粒子。

具有这些性质的非重子暗物质的存在证据现在是压倒性的。比如，星系团中运动速度过快的星系，漩涡星系中恒星和气体云过高的旋转速度，相撞的星系团的引力透镜效应以及绕着银河系旋转的某些质光比特别高的极暗弱星系。此外，在宇宙早期，没有这些非重子暗物质，星系根本无法形成。

在所有可能有暗物质存在的环境中，任何一种形式的物质都无法表明，暗物质能产生任何光线或是与普通物质发生碰撞；暗物质通过其引力作用对空间的影响来证明自己的存在。但它到底是什么？大部分暗物质肯定是地球以外的物质，也可能有大质量弱相互作用粒子或是超对称粒子，直到 21 世纪初我们也没有得到这一问题的答案。我们并不知道是何种粒子组成了暗物质。但我们知道，暗物质的存在对于我们理解如何通过宇宙微波背景辐射测量宇宙的年龄具有重要的意义。

第24章 热中之热

“朋友们，我们被抢先一步了。”

——罗伯特·迪克（Robert Dicke），1965年，帕特里奇（R. B. Partridge）的《宇宙微波背景辐射》（1995）

在哈勃发现宇宙膨胀的证据之前，比利时神父和物理学家乔治·勒梅特（Georges Lemaître）以及俄罗斯物理学家亚历山大·弗里德曼（Alexander Friedmann）分别独立地指出，在爱因斯坦引力定律，广义相对论下的宇宙必须膨胀或收缩。弗里德曼表明，爱因斯坦所说的静止的宇宙实际是不稳定的；任何的扰动都会导致宇宙膨胀或是收缩。尽管勒梅特的研究领域是数学，但他的研究结果却直接与物理宇宙相关联。他注意到了宇宙并不是在收缩而是在膨胀的证据——银河系外星云的退行速度就是宇宙膨胀造成的——那么只要细想就会知道，若宇宙是不断膨胀的，那么过去的宇宙一定小于现在的宇宙。在很远的过去，宇宙一定是难以想象的小，它体积最小的时候，就是宇宙诞生的时候。他写道，“我们可以假设宇宙最初是一个独特的原子，宇宙的总质量就来自原子的重量。”勒梅特的该文章发表在1927年的《比利时科学协会年刊》，标志着人们认识宇宙的转折点。有关宇宙起点的想法不再禁锢在理论推断层面了。这一想法一举成了现实的宇宙学领域。

1930年，勒梅特将他的研究成果寄给爱丁顿，爱丁顿通过《自然》杂志（1930年6月）向全世界宣布了勒梅特的研究，并将其文章翻译成英语，发表在下一年3月的皇家天文协会月刊上。爱丁顿本人并不能接收宇宙最初很小这一观点；他在《自然》中写道，“宇宙起点这个想法对我个人而言是难以接受的”。那年10月的《自然》杂志中，爱丁顿接受了宇宙膨胀这一观点，但是他认为宇宙的体积在最初并非很小，而且拒绝承认宇宙在时间上有起点这一想法：“宇宙最初的半径是10.7亿光年，之后宇宙开始膨胀。”勒梅特回答说：“世界的开始发生在时空的开始之前。世界开端的时间远远在目前的自然秩序建立以前，因此我认为虽然相去甚远但并不矛盾。”尽管爱丁顿（Eddington）对此有所保留（似乎受到科学领域之外的观念的影响），但是更多的人相信宇宙起始于某个特殊的时刻，这也成为现代宇宙学的基础。

接下来的十几年，量子力学成为理论物理学的重头戏，曼哈顿计划的物理学家解释了原子的物理本质及恒星提供自身能量的过程。物理学家乔治·伽莫夫，于1904年生于俄国，1940年加入美国国籍，他并没有为曼哈顿计划工作；他是乔治华盛顿大学的教授，研究恒星内部核聚变反应时周期表中的元素是如何形成的。1942年，他提出了一个想法，即元素的起源，元素最初由较轻的氢元素聚变为较重的铀元素，这一过程是爆发过程的一部分，而这一过程必须发生在极端高温和高密度的年轻宇宙中。“在这种条件下不可能存在任何复合核，必须将物质的状态可视化为完全由核粒子形成的热气体，核粒子就是质子、中子和电子。”他在1952年出版的《宇宙的诞生》一书中写道。

1946年，伽莫夫意识到，在早期的高温高密度的宇宙中，即便是在100亿高温条件下的聚变，也不可能形成重元素。这是因为质子带有同种电荷，质子之间在没有中子的情况下不可能聚在一起形成核；而自由中子又是不稳定的，几分钟之内就会衰变为质子和电子，因此在极其高温且体积较小的宇宙中，形成重元素的成分会很快消失。此外，随着其研究早期宇宙物理过程的细节，他发现膨胀宇宙的温度和密度都会减小。由于核聚变需要高温和高密度的环境，因此在一个膨胀、冷却的宇宙中，这种反应很快会停止。在宇宙早期，核聚变过程中只能形成重量比较轻的氢元素、氦元素和锂元素，而非所有的元素；因此，这些较重的元素一定是在之后形成的，是在恒星内部的核反应过程中形成的。

宇宙学红移

回想一下，1915年，威廉·德·西特（Willem de Sitter）在解爱因斯坦方程时发现，宇宙空间的膨胀同样会对光子造成拉伸影响。可以将光子想像成一条睡觉的蛇，它不会在空间中移动，其头部和尾部之间的间隔等于光子的波长。由于空间被拉伸，并且蛇的头和尾巴固定在空间中的特定位置，因此蛇的头和尾之间的距离必然会增加。对于我们的光子，这等价于拉伸了波长。物质本身不会被空间的拉伸所拉长，因为在宇宙中小范围的空间尺度内（硬币，地球，太阳系，银河系），一个质量块对另一个质量块的电磁引力与万有引力的合力比拉伸空间的力要大得多；在空间拉伸时，物体的组成成分紧挨在一起保持原有形状。然而，光子作为一个没有质量的粒子，确实会被拉伸。

事实上，光子波长拉长的比例同宇宙膨胀的比例一样。若宇宙体积变大了两倍，光子的波长也会增大两倍。尽管无论是宇宙过去还是现在的体积都无法直接测量出来，其现在与过去体积的比例还是可以测量的，这个数字可以告诉我们宇宙体积改变的比例。

若在宇宙体积仅为现在 1%的时候，某个氢原子释放的光子波长为 656. 2nm，那么如今该光子应被拉伸至当初的 100 倍了，其波长应该是 65620nm。最初，这个光子发射的是肉眼可以看到的红色光波，如今红移至远红外线波段，肉眼已无法看到。这种由宇宙膨胀而非物理运动导致的红移被称为宇宙学红移。这种红移最初是 1913 年斯里弗以及 20 世纪 20 年代哈勃和赫马森发现的。

若我们可以测量某个遥远天体的宇宙学红移，我们就能得知相比于该天体发出这些光子时，宇宙变大了多少。比如说，若宇宙红移为 0. 3，则相比较于这些光子产生的年代，宇宙变大了 30%。如图 24. 1 所示。

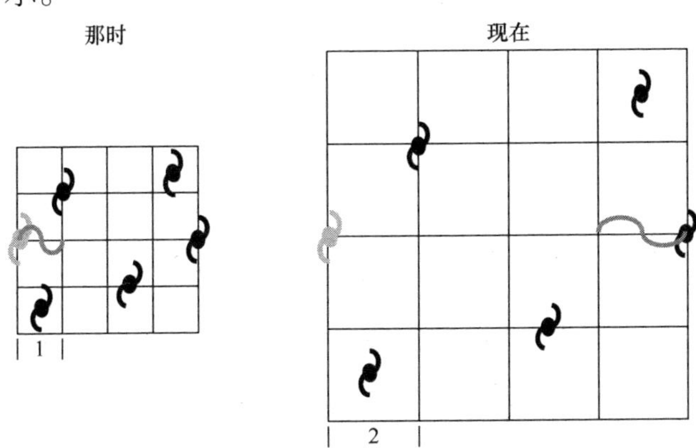

图 24. 1　宇宙学红移的图示：带有星系的网格代表宇宙。左侧显示的是过去的宇宙，是光子离开最左侧星系的瞬间。右边为现在的宇宙，显示光子到达最右边的星系时，当前可以看到的宇宙。从“那时”到“现在”，整个宇宙的大小增加了一倍，而且星系间的距离以及光子本身都扩大了两倍。然而，星系在宇宙中的位置以及星系本身的体积都没有变化。

宇宙学红移数值也能推算出，由于宇宙膨胀而相互远离的两个天体的速度。1929 年和 1931 年，哈勃测量的宇宙学红移数值为 0.003～0.03，相对应的宇宙学红移速度为 1000～10000km/s。

宇宙的冷却

在宇宙最早期，宇宙体积小密度大，由于内部光子不断地被自由电子反弹，宇宙是不透明的。光子无法运动到远距离的位置。就如同一个房间或是恒星大气的温度是由环境中的粒子速度分布决定的一样，宇宙的温度是由所有波长的光子分布决定的。若我们能测量出波长分布——也就是每个波长上有多少光子——我们就能得到黑体分布，并根据维恩定律计算出温度。根据维恩定律，通过黑体所能发出最多数量光线的波长，能够推导出该物体的温度（见第 7 章）。

若宇宙中所有光子都被完全拉伸，则 X 射线光子就成为紫外光子，蓝色光子成为红色光子，近红外线光子成为远红外线光子。因此，由于宇宙的膨胀和光子的拉伸，整个黑体温度分布的波长变长，且该分布峰值的波长也变长了。根据维恩定律，处于较长波长峰值的黑体温度要相对较低一些，则所有光子拉伸的结果就是，宇宙冷却。

伽莫夫早在 1946 年就有了这一想法，并指导他的研究生拉尔夫·阿尔菲研究宇宙早期膨胀冷却过程中的核合成问题。1948 年，伽莫夫和阿尔菲发表了名为《化学元素的起源》一文，证明在宇宙早期，宇宙的温度和密度足以引发聚变反应，此时会形成一个几乎完全由氢和氦组成的宇宙。

根据伽莫夫和阿尔菲的描述，最初宇宙完全是由能量组成。然而，爱因斯坦认为，能量等同于质量与速度平方的乘积，$E = mc^2$。根据这一关系，光能形式的能量（光子）能够转化为质量形式的能量（粒子）。同样，其反过程，也就是从质量转变为光，也是可以发生的。相比于波长较长的光子（如射电波段），波长较短的光子（如X射线）的能量更大（能量高=质量高），那么波长较短的光子就能转变为质量较大的粒子。因此，随着宇宙冷却，光子拉伸，粒子不断出现（光子转变为粒子）和消失（粒子转变为光子），从高质量粒子转变为低质量粒子。最终，光子拉伸到极致，而宇宙也冷却了，无法再继续转变为粒子了。就连质量最小的粒子也无法转变了。

只要这个不断膨胀的、冷却的宇宙的温度保持在1000亿度（即10^{13}K）以上，一些光子就可以自发地变成质子、中子和电子，等量的质子、中子和电子也可以自发地转变成为光子。重要的是，由于物理学定律中存在非常细微的偏差，整个宇宙产生的质子和电子数量要稍微高于反质子和反电子的数量（反粒子在各个方面与粒子相同，但电荷不同）。在所有可用的反质子与质子结合并通过相互湮灭从物质转变为能量（即变为光子）之后，只有质子和中子才从大量粒子的海洋中保留下来。在此之后的某个时刻，大约是宇宙诞生之后的百万分之一秒，光子被拉伸得足够长，宇宙温度降到10^{13}K以下，被拉伸的光子已不具备转变为大质量粒子的能量，因此宇宙中质子和中子的数量就稳定了；随后，大概五秒钟的时间，温度降至60亿度，光子也无法转变为电子或反电子这样的低质量粒子，且这些粒子也无法转变为光子。就在宇宙诞生后5秒，所有反电子都与电子结合转变为光子后，就产生了所有存在的质子、中子、电子这些原子的基本组成粒子。但并非所有的都能存在至今。

高温、高密度、早期宇宙中的核合成

中子本身并不稳定，只有在与其他质子和中子结合为原子核后才十分稳定。自由中子，也就是不结合为原子核的中子，其半衰期仅为 887.5 秒（略低于 15 分钟），因此在早期宇宙中，自由中子开始分解为质子和电子。另一方面，与质子碰撞或结合为重氢核的中子可以存活下来。在最初几分钟形成了部分重氢核后，一些质子和重氢核碰撞形成氦核（两个质子和一或两个中子），随后质子和氦核碰撞形成锂核（三个质子加上三或四个中子）。但是随着宇宙不断膨胀，粒子失去了越来越多的能量。此外，氦或锂元素为了与其他粒子碰撞以引发聚变反应，必须要求更高的速度（更高的温度）。很快，核的速度就达不到这一要求了。轻元素的形成戛然而止：比锂元素更重的粒子无法形成。几个小时后，所有的自由中子都没有了。此时，这个高温膨胀的宇宙中充满了光子、电子、质子以及重氢、氦、锂核，但是没有自由中子。宇宙充满了无法继续互相转化的光子和粒子。当然，宇宙继续膨胀和冷却。如表 24.1 所示。

表 24.1 早期宇宙

宇宙的年龄	温度	粒子	发生了什么
一百五十万分之一秒	10000 亿 K	• 质子和中子数量稳定	• 低于此温度，粒子质量过高无法转变成光子
5 秒	60 亿 K	• 电子数量稳定 • 光子无法自由移动	• 低于此温度，这些低质量粒子无法转化为光子 • 宇宙是不透明的

（续）

宇宙的年龄	温度	粒子	发生了什么
3分钟	10亿K	• 质子稳定 • 中子衰变 • 质子的数量是中子的七倍 • 稳定的中子都存在于重氢和氦核中 • 质子和中子质量的75%存在于氢，25%存在于氦中	• 质子和中子碰撞形成重氢核 • 重氢核与质子碰撞形成氦核 • 核聚变反应终止
380000年	3000K	• 中性氢原子 • 中性氦原子	• 电子与氢和氦核结合 • 宇宙变为透明的 • 产生宇宙微波背景辐射

在这个充满粒子的宇宙，某个循环开始了。首先，带正电荷的粒子（质子，重氢核，氦核，锂核）与负电荷粒子（电子）相遇，形成中性原子。在反应过程中，会以光子的形式释放部分能量。接下来，释放的光子很快与自由电子结合（未与质子结合为原子的电子）。就如同一股冷空气进入一间充满热空气的房间，气体分子的碰撞会将所有气体分子均衡至同一温度；同样，这些光子-电子碰撞在光子和电子之间重新分配了能量，因此光子海洋的温度与粒子海洋的温度相同。现在，光子形成了一种气体，它充满宇宙中并具有特定的温度。最终，这些光子在被电子随机散射了足够的次数之后，与中性原子发生碰撞。由于被电子散射，接下来，与质子结合为中性原子的电子刚刚释放了一个光子，又从光子气体中吸收了一个光子，再次成为自由电子。这个循环一直持续，带电粒子与其相反电荷的粒子结合，释放出光子，该光子成为黑体辐射（某个特定温度下的光子气体），电子又会吸收另外一个黑体光子形成中性原子，该原子再次分解为电子和带正电荷的原子核。周而复始的循环。只要黑体辐射的能量足以加速电子并将其转变为自由粒子，只

要宇宙中存在足够多的自由电子，光子能够不断被散射，这一循环就不会终止。

宇宙微波背景辐射（CMB）的预言和发现

中性原子转变为自由离子和光子，然后又转变为中性原子这一循环一直持续了 38 万年；然而，随着时间的推移，宇宙体积变大了。随着宇宙体积的增长，周围的黑体光子波长增加，光子的宇宙学红移越来越大，最终携带越来越少的能量。由于光子和粒子在碰撞过程中温度一致，则物质的温度也冷却下来。当物质温度冷却至 3000K 时，该循环被打破。由于黑体光子被拉伸，其能量无法使氢原子再电离，则电子和带正电的原子核形成稳定的原子。此时，几乎所有的电子都存在于中性原子内，剩余的自由电子数量仅为之前的 1/10000。散射光子的电子数量的减少，使得光子与中性氢原子相遇的概率降至 0。就算光子从宇宙的一边运动到另一头，也不太可能遇到一个原子。当宇宙温度降至 3000K，此时光子突然被释放，可以自由地在宇宙内穿行，此时就是宇宙对光线完全透明的时刻。该时期内，宇宙中释放的所有光子加起来，看起来好比一个温度为 3000K 的黑体释放的光线。它们仍在运动。我们把这些光子称为宇宙背景辐射。如图 24. 2 所示。

1948 年，阿尔菲和其同事罗伯特 · 赫尔曼共同做了一个伟大的预测。他们预言，宇宙背景辐射光子——原初宇宙的遗迹——仍然在宇宙中存在着，并有特定的温度。根据宇宙的膨胀，他们算出了几十亿年前由温度为 3000K 的黑体释放的光子现在的温度大概是 5K。在接下来的八年间，阿尔菲、赫尔曼以及伽莫夫利用最新的观

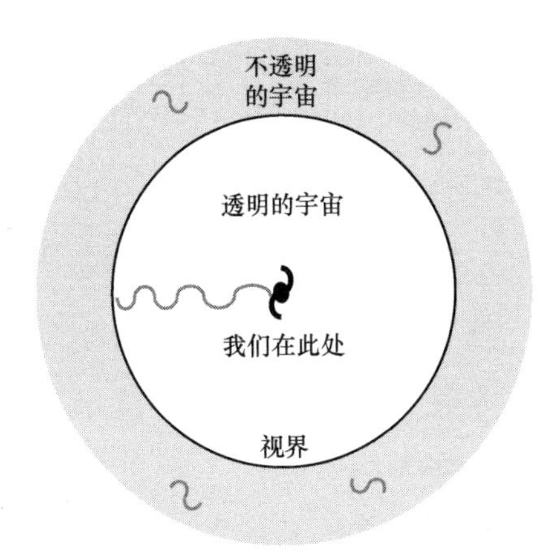

图 24.2 宇宙微波背景辐射（CMB）由当宇宙大约 38 万年时发出的光子组成。在这幅图中，我们向外观测宇宙就是在回顾宇宙的过去。137 亿年前释放的光子在其向地球运行的过程中发生了红移。在那之前形成的光子无法到达地球表面，因为它们在传播之前就被其他粒子吸收了。另一方面，在 CMB 光子释放之时，宇宙是透明的，这些光子在 137 亿年的运行中并没有受到阻碍或是被其他物质吸收，于是到达了我们的望远镜。

测数据，对这一计算结果进行了改进。其中阿尔菲和赫尔曼在 1949 年计算出的温度为 28K，伽莫夫在 1950 年计算出的结果是 3K、1953 年计算出的结果是 7K、1956 年计算出的温度为 6K。1955 年阿尔菲离开天体物理领域，去往通用电气工作；赫尔曼于 1956 年也到通用汽车工作，二人的研究整整被忽视了将近 20 年。2006 年由于宇宙微波背景辐射的研究工作荣获诺贝尔物理学奖的约翰·马瑟，在 1995 年的《第一眼》一书中提出了他们二人的工作在当时没能引起轰动的几大原因。其中最重要的原因就是当时宇宙膨胀且逐渐冷却这一观点并未被 20 世纪 50 年代的多数天体物理学家所接受。它并没能对除了氢和氦之外的元素的存在做出合理的解释，也没能说明宇宙的年龄，当时根据哈勃定律观测所得到的宇宙年龄（20 亿年）比当时已知的最古老的地球岩石的年龄还要小很多。

1964 年，普林斯顿大学的罗伯特·迪克和吉姆·皮布尔斯，在对阿尔菲和赫尔曼等人的研究一无所知的情况下，也得出了关于早期宇宙物理现象的相同结论。根据皮布尔斯的计算，宇宙背景辐射的温度应该在 10K 左右。在此温度下，宇宙背景辐射光子的波长峰值为 0.029 厘米。基于这种推测，大多数宇宙背景辐射光子的波长都应是毫米范围内，但是有一部分的波长是厘米的范围，射电天文学家称其为微波。由于最早被发现的宇宙背景辐射是微波，则宇宙背景辐射也被称作宇宙微波背景辐射，或者 CMB。迪克、皮布尔斯和他们的同事皮特·罗尔以及大卫·维尔金森共同修建了一个射电望远镜和射电探测器，放置于普林斯顿校园某个建筑的房顶上，用来探测 CMB 光子。

同时，在距离普林斯顿校园 50 千米远的地方，位于新泽西的霍姆德尔的贝尔电话公司研究实验室里，阿诺·彭齐亚斯和罗伯特·威尔逊这两个研究员正在利用探测波长为 11 厘米的设备进行测量。该设备称为辐射计，由贝尔实验室的物理学家艾德·欧姆建于 1961 年，最初用来测试两颗对地人造卫星的通信，两颗卫星分别发射于 1962 年和 1963 年。自从 1959 年 NASA 发射了回声 1 号卫星，人造卫星通信就开始起步了。回声卫星是一种被动卫星，将电子通信信号反射给地球上的接收器。在与电星 1 号通信卫星的合作准备中，欧姆通过回声卫星测量到很多反射信号；他探测到的电气通信广播信号比预计附加了一些额外的能量。这个能量，欧姆和他的同事认为是一种噪音，等价于一种温度在 3.3K 左右的射电源，他们需要想办法去掉这个射电源噪声来得到无噪声的通信信号。两位俄罗斯天体物理学家注意到了欧姆的测量同伽莫夫的预言二者之间的关系，但是当时西方的多数科学家都没有对此引起足够的重视。

1963年，贝尔实验室决定不再在电星1号人造卫星通信项目中使用欧姆的辐射计。随后彭齐亚斯和威尔逊将该仪器调整为测量波长为7.4厘米的天文望远镜，并开始研究射电天文学，最初是研究银河系光晕，紧接着又研究了仙后座A的超新星遗迹。与欧姆的测量相比，他们的研究十分精确，但他们仍然无法摆脱额外的噪声。这一噪声不是来自仪器，不是来自月球或是其他天体，不是由于靠近纽约这种大都市或是更远一点的范艾伦辐射带，也不是来自辐射计上面的鸽子粪。不论他们的望远镜指向何方，噪声一直都在。二人推测，这种噪声源的温度在3.5±1K之间。

1965年年初，彭齐亚斯在与天体物理学家伯纳德·伯克的通话中提到了这个问题，那时伯纳德·伯克刚刚读了皮布尔斯的文章，文章中预测早期宇宙中的光子遗迹的热辐射可以在天空中的各个方向被探测到，建议彭齐亚斯联系皮布尔斯。彭齐亚斯于3月和迪克通电话，那时迪克正在和威尔金森、皮布尔斯在办公室吃午饭；在通话的最后，迪克对他的同事们说，“朋友们，我们被抢先一步了”。几天后，在彭齐亚斯的办公室，迪克和皮布尔斯宣布他们已经用贝尔实验室天线找到了普林斯顿这支队伍准备利用屋顶的射电望远镜搜寻的信号。1965年5月，彭齐亚斯和威尔逊发表了一篇文章，阐述了他们的研究成果；同时，迪克的团队也发表了文章阐述了这是大爆炸留下的射电信号。直到此时，这些人还是对阿尔菲、赫尔曼、伽莫夫有关CMB温度的预言一无所知。

1967年，科学家对CMB进行了九种不同波长的测量，从0.26厘米到49.2厘米。所有的测量结果都得出一个一致的答案：CMB目前的温度大概为3K。在CMB发现后的半个多世纪里，天文学家用尽了所有可能的方式对其温度进行了测量：将望远镜挂在气球上，发射到空中，几乎研究了地表上包括南极在内的每一个地点。最精确的答案是；温度=2.725K（见第25章和第26章）。

直到1990年，较为精确的CMB测量为宇宙早期历史的研究提供了非常重要的信息；然而，要想通过CMB测量得到宇宙的年龄，还需要更多的细节，以及其他大量的宇宙的信息，包括宇宙的质量、宇宙的组成（普通物质，暗物质还是未知的暗物质）、现在星系之间的距离，以及宇宙膨胀的速度（暗能量和加速膨胀的宇宙）。如今这些信息我们已全部掌握，可以用现代理论和观测得出宇宙年龄的进一步预测。

变幻莫测的命运

1978年，彭齐亚斯和威尔逊因CMB的研究荣获了诺贝尔物理学奖。迪克在1973年当选为美国国家科学院院士，在1984年退休之前获得了很高的荣誉。皮布尔斯也得到了包括皇家天文协会颁发的艾丁顿奖章（1981年），美国天文协会颁发的亨利·诺里斯·罗素奖（1993年）等荣誉㊀。然而伽莫夫于1968年去世，尽管他在核物理方面的研究对理解恒星能量的产生有很大的帮助并被世人承认，但当时他所做出的宇宙学方面的成就却被大多数人所忽视。如果伽莫夫能活得久一些，他也许就能与彭齐亚斯和威尔逊一起荣获1978年的诺贝尔奖了（尽管阿尔菲和赫尔曼活得比较久，他们仍然没能分享当年的诺贝尔奖）。

阿尔菲和赫尔曼的研究一直被人们所遗忘，直到1977年，当时即将荣获诺贝尔物理学奖（1979年）的史蒂文·温伯格在其

㊀ 皮布尔斯于2019年获诺贝尔物理学奖。——译者注

《最初三分钟》一书中将他们的研究称为“对早期宇宙历史的首个完整现代分析”，仍然没有人对此表示关注。1993 年，阿尔菲和赫尔曼荣获了美国国家科学院颁发的德雷柏奖章，奖励他们对宇宙演化物理模型的洞察力和发展，以及对微波背景辐射存在的预测，二人由此成为 20 世纪最重要成就之一的参与者。在 1999 年《发现》杂志的一次采访中，阿尔菲表示出对自己的成就一直被忽略的失望。“我受伤了吗？是的！他们认为我会怎么想？他们当时从未邀请我们去看愚蠢的射电望远镜，我很生气。尽管恼怒很愚蠢，但是我确实很生气。”直到半个多世纪之后，人们才意识到阿尔菲对天文学的非凡贡献。2007 年，在他去世之前的两个星期，阿尔菲才荣获了国家科学奖章。2007 年 12 月，《当代物理学》杂志在撰写阿尔菲的讣告之时，康奈尔名誉天文学教授以及华盛顿太空博物馆前主任马丁·哈威特表示，“历史会记得他们所做出的贡献”。

第25章
两种麻烦

COBE卫星得到的光谱不仅看起来漂亮，而且一举消除了几乎所有人对“大爆炸”理论的怀疑。几十年来，大爆炸宇宙学模型和稳恒态宇宙学模型这两种理论的争执一直没有停止过。多年来，精明的人们一直在解释理论与测量之间的一系列细微差异。两种理论的争执就此结束了……”

——约翰·马瑟（John C. Mather），《从大爆炸到诺贝尔奖及更多》，诺贝尔奖演讲（2002）

宇宙微波背景辐射与宇宙的膨胀以及元素的相对数量一起，成为现代大爆炸宇宙学的三大观测支柱。受制于实验的精度，彭齐亚斯和威尔逊以及后来几十年间的天文学家尽可能地提高了宇宙微波背景辐射的测量精度，测量得到的温度在每个方向都是完全相同的（各向同性），只有一个特例。

这个特例被宇宙学家称为偶极各向异性。它与宇宙微波背景无关，仅与太阳系与产生CMB的物质有369km/s的相对速度有关。这个运动在太阳系运动的方向上造成了多普勒频移，这是最早由斯坦福大学的爱德华·康克林于1969年发现的。接下来十年的更多的测量更加明确了宇宙微波背景的这一性质。我们所说的宇宙微波背景的各向同性，实际指的是在考虑了太阳系运动影响之后的宇宙微波背景的内禀温度。

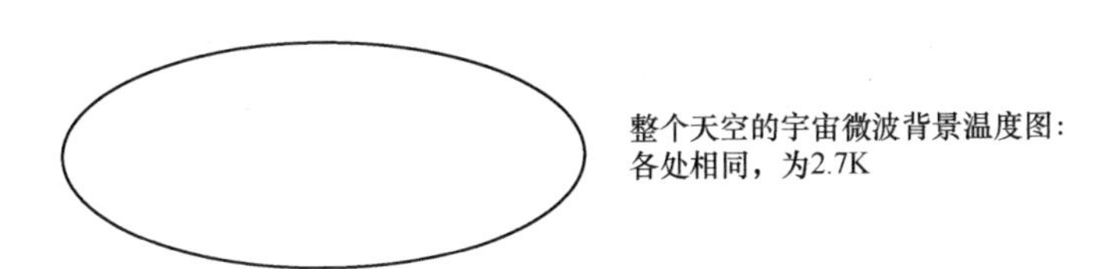

图 25.1 从地球上看，天空看起来像是环绕我们的球形表面。该表面可以以平面图的形式呈现，就像我们可以生成地球表面的平面图一样。这张图使用了超过二十年的宇宙微波背景温度测量结果，显示了 1990 年以前测量的 CMB 天空温度。由于这些观察结果表明 CMB 各处温度都相同，因此该图没有结构。

CMB 各向同性似乎是与宇宙学原理相一致的。也就是说，如果宇宙中任何地点的物理法则是一致的，在每个方向上所观测到的宇宙是一致的，且任何地点都是由完全相同的元素成分组成的，那么 CMB 的温度肯定是一致的。似乎具有讽刺意味的是，最初的研究表明，宇宙的背景辉光显然在各个方向上完全均匀，没有丝毫的差异，而且这个结果至少在观测测量的极限内完全准确。这给宇宙学家带来了巨大的困扰，他们无法理解 CMB 如何如此均匀一致且各向同性。我们需要非常深入地研究这一明显的悖论，以了解过去二十年来与 CMB 相关的重要发现的动机，而这些发现又反过来为我们提供了最准确的宇宙年龄估计。

宇宙微波背景辐射的两大问题

两个不同且毫无关联的问题需要被解决。第一个问题有关宇宙中大尺度结构的存在——大尺度结构是天文学家用来指代星系、星系团以及超星系团的术语：若宇宙微波背景是完全一致的，就永远无法形成大尺度结构。星系、恒星、行星乃至人类都不可能存在。然而我们确实存在，大尺度结构也是存在的。这就说明宇宙微波背景一定存在不均匀性，但是这种不均匀性体现在哪呢？宇宙学家把这个问题称为大尺度结构问题。

第二个问题称为视界问题，指的是宇宙中某些距离太远以至于不应该有过物理联系的部分也具有同样的温度。这一性质可能仅仅是个偶然，比如宇宙中两个小的遥远的部分恰好具有同样的温度，但是如果宇宙中每个位置的温度都是相同的，我们就必须寻找合理的解释，而非用偶然性来描述了。

大尺度结构问题

从任何方向上看向足够远的地方，我们能看到各种类型的星系、星系团、超星系团以及星系之间的巨大空洞。在这种层面上，宇宙中大尺度结构的分布是均匀且各向同性的。但是，对于任何仰望天空的观察者来说，很明显的是，宇宙在每个方向上看起来都不完全相同，并且在我们可能采样的每个空间中都没有完全相同数量的物质组成。

在某个方向上，我们可以看到一颗恒星；在另一个方向上我们能看到银河系内的行星；在别的方向上我们又只能看到空洞。在某个区域内，比如在一颗恒星内部，其普通物质的密度可能高达几亿 g/m^3（是铁密度的 20~30 倍）；然而在附近星系间的真空中，普通物质的密度可能低至每立方米只有一个质子。因此，当我们从恒星、星系或者星系团的尺度观测宇宙时，宇宙内物质的分布并非是完全一致的。实际上，由普通物质组成的可见物质是成团存在的。只有当我们测量很大范围空间（几亿立方秒差距）内普通物质的平均数量或是种类时，宇宙才是均匀和各向同性的。在小尺度上看，宇宙是非均匀且各向异性的。

由于宇宙中物质的非均匀性和各向异性如今是存在的，那么这种性质在过去一定就已经存在了。从概念上说，我们至少可以追溯到星系、星系团和超星系团开始形成的时期。但是为什么会形成这种结构？它们又是在何时何地形成的呢？一个词就可以回答这个问题：引力。

在宇宙形成早期，只有当某位置包含的物质比其他位置的物质更多一点，另一些位置包含的物质比其他地方少一点时，这种大尺度结构才能形成。在高密度的区域，引力作用更强，因此该处的质量能够依靠引力带来更多的物质，才能形成我们今天观测到的大尺度结构天体的前身。如果没有微小的密度差异，如果没有原初的物质分布不均匀，超星系团根本不可能存在，也不可能存在星系间空洞、星系团、星系、恒星、行星，更糟糕的是，也不可能存在一边喝茶一边讨论这些宇宙结构的天文学家了。

若这些密度不同的宇宙成分早就存在，是大尺度结构形成的种子，那么物质空间分布的差异肯定是早就存在的，并且由此形成了密度不同的区域，宇宙学家们称之为原初密度涨落。可以肯定的是，这些细微的原初密度涨落一定是在宇宙诞生后的第一时间由随机量子涨落形成的。因此成团的区域一定在宇宙微波背景形成之时就存在了，并且一定会在宇宙微波背景上留下了某种记号。简单地说，现代宇宙的结构将物质分布的时间限制在宇宙历史的最早期，这就导致在宇宙微波背景形成之时，宇宙不同区域的密度是不均匀的。那么我们就要问了，这些区域的密度差异是如何影响宇宙微波背景的温度的？这种影响能够被测量到吗？

解决大尺度结构问题：COBE 和 WMAP

1989 年，NASA 发射了早在 1974 年就提出的人造卫星任务，COBE 即宇宙背景探测器。除了一个望远镜，COBE 还携带三种测量宇宙微波背景不同方面的仪器，其中之一就是约翰·马瑟发明的远红外绝对分光光度计（FIRAS）。马瑟和他的团队利用 FIRAS 测量了 34 种不同波长的宇宙微波背景辐射的强度。在 11 月份发射之后的几个星期内，FIRAS 就已经收集到长达九分钟的观测记录，与之前二十年的地面和气球测量相比，该数据有关宇宙微波背景测量的精度提高了很多。1990 年 1 月的美国天文协会会议上，约翰·马瑟向一千多名十分迫切想知道结果的天文学家公布了这九分钟的研究成果。马瑟提出，COBE 将宇宙微波背景的平均温度精确至 2. 735K，误差仅为 0. 06K。这是一项了不起的成就，为 COBE 宇宙背景探测器团队赢得了莫大的荣誉。2002 年马瑟公布了 FIRAS 的最终结果，将宇宙微波背景的平均温度精确至 2. 725±0. 001K 之间。

然而 COBE 科学团队的目标是研究宇宙微波背景的平均温度及温度差异，COBE 与 1960~1980 年间的气球探测器这种灵敏度有限的落后仪器相比，应当有更高的精度来分辨温度差异。想象一个场景，20 世纪 60 年代的气象卫星向北美方向俯视。这颗卫星测量了整个大陆的平均温度；然而，在更先进的卫星设备下，我们发现德克萨斯州的温度比较高，内布拉斯加州温度稍微低一些，北达科他州温度凉爽，曼尼托巴温度最低。并没有哪个区域温度是“平均的”。除非我们的卫星能够观测到足够的空间细节，否则我们的气象卫星只能给出平均温度。此外，就算我们的卫星能分别测量德克萨斯州和曼尼托巴的温度，然而如果德克萨斯州的温度为 300K，曼尼托巴的温度为 299.9K，而我们的仪器精度只有一度，那么我们根本无法测量出两地的温度差异。同样的，天文学家为了测量出宇宙微波背景辐射上任意地点的温度差异，就需要一个指向十分精确并且能够测量足够小区域的望远镜，这样才能测量出细微的温度差异。

由乔治·斯穆特（George Smoot）设计的 COBE 差分微波辐射计（DMR）可以测量沿任何两个方向分开 60°角的 CMB 的温度差（如果有的话）。这个仪器出色地完成了自己的工作。DMR 小组检测到波动为 1 度的三千六百万分之一的温度变化（仅占 CMB 温度的百分之一的千分之一）。经过四分之一世纪的努力，天文学家终于知道了 CMB 的绝对温度：$T_{CMB}=2.725K$。经过同样长时间的追求，他们知道 CMB 的绝对温度在各个方向上都不相同。但是从天空的一部分到另一部分的温度差（ΔT）非常细微，由于 DMR 仪器以及斯穆特团队对数据进行了不懈的分析，现在它们是一个已知的量：$\Delta T=\pm 0.000036K$。由于在精准测量宇宙微波背景的平均温度以及绘制温度差异图上所做出的重大贡献，二人于 2006 年荣获诺贝尔物理学奖。

然而，COBE 的测量无法精确到星系团的尺度。COBE 所能观测到的最小尺度是 7 度（相当于手臂伸直后拳头在天空中的大小）。因此，若某区域的温度高于 2.7251K 或是低于 2.7249K，且其张角小于 7 度，那么 COBE 就无法探测出其中的差异。宇宙微波背景上这样小角度区域内的温度涨落都无法通过 COBE 观测到；它们超过了 COBE 的极限空间分辨率。

COBE 的后续工作任务是由查尔斯・伯耐领导的名为威尔金森宇宙微波背景各向异性探测（WMAP）的卫星任务。该卫星于 2001 年发射。WMAP 的空间分辨率在 0.3 度以内，比 COBE 精度提高了 33 倍，因此能观测到宇宙微波背景空间分布的更多细节。根据 WMAP 的测量结果，宇宙微波背景的温度在 0.3 度的空间分辨率下涨落为 0.0002K，是 COBE 的 6 倍：温度 = 2.725K，温度差 = 0.0002K。因此，COBE 和 WMAP 都回答了关于宇宙微波背景的第一个问题：宇宙中存在大尺度结构，宇宙微波背景辐射的各个方向怎么能是如此一致和平滑的呢？答案是，没那么一致和平滑。最热和最冷的点之间存在高达千分之一度的温差。

视界问题

由 CMB 的空间均匀性引起的第二个问题，即视界问题，不能通过存在一万或二万分之一度的温度波动来解决。相反，其答案来自于一个激进的想法——“暴胀”。但是，在解决这个问题之前，让我们重述一下。

我们知道，宇宙现在的体积与宇宙微波背景形成之时的体积之比是等于宇宙当时（3000K）与现在的温度（2.725K）的比例的。该比例大约为 1100。因此我们知道现在宇宙的体积比宇宙微波背景形成时的体积大了 1100 倍。

现在我们回想一下，天文学家最早观测宇宙微波背景时的工作。天文学家建造或是选择一个望远镜，将该望远镜指向太空内的某个特定方向，测量宇宙微波背景的温度。结果是 2.725K。到达望远镜的宇宙微波背景辐射是光子。光子是以光速传播的光的粒子。自从宇宙微波背景形成，也就是大爆炸之后的38万年，光子就在宇宙中穿行了。这些光子到达地球前已经走过了近140亿年，走过的距离高达140亿光年。

12个小时后，当地球自转了180°，天文学家将望远镜置于完全相反的方向（宇宙微波背景观测既可以在夜晚，也可以在白天），再次测量宇宙微波背景的温度。其结果没有变化，依然是2.725K。而第二次测量的宇宙微波背景光子来自不同方向穿行了140亿年的光子，它们走过了140亿光年的距离。两次测量中的光子来自于至少距离为280亿光年的位置，然而它们的温度竟然是一样的，宇宙中任意两个方向上传来的CMB光子的温度都是相同的，精度为十万分之一度。

请记住，宇宙在140亿年的时间内膨胀了1100倍。这两个现在距离为280亿光年的位置在宇宙微波背景光子刚释放之时，其距离只有2500万光年。当时宇宙的年龄只有38万年。在宇宙年龄这么小的时候，两个距离为2500万光年的位置之间的温度怎么会如此一致呢？为了解释这个问题，我们引用宇航员小约翰·斯威格特（John Swigert Jr）和詹姆斯·洛威尔（James Lovell）在1970年向休斯敦的任务控制中心报告阿波罗13号航天器的重大故障时说的话：我们遇到了问题。问题是信息（包括温度）在整个宇宙中传播的速度是有限的。

我们需要考虑，物体如何会具有相同的温度。想象一个从烤箱中拿出的烤土豆，被放在桌子上的盘子里。从烤箱中拿出的土豆相当于一个置于冷环境中的热物体。一段时间过后，这个土豆的温度冷却下来。土豆上的热量去哪儿了？去了周围的空气中。土豆冷却，周围空气温度升高。如果一个冰块掉进一杯热茶中会怎样呢?一定时间后，冰块融化，茶杯中的茶水冷却。任何置于高温环境内的冷物体的温度都会升高，而周围环境的温度缓慢降低。

任何与其他物质有着热接触的物体都会在一定时间后达到热平衡；也就是说，在物体之间达到同样温度之前，二者会进行热量传递。热物体和冷物体会通过粒子的碰撞传递热量，在碰撞过程中，低能量（低温）粒子在高能量（高温）粒子处获得能量。这也是为什么在冬天，若门被打开又立刻被关上，我们仅能感受到一点冷空气。在很短的时间内，冷气分子与屋内的热气分子相互碰撞使彼此之间的温度差异越来越小，最终所有的气体分子达到相同的温度。

若碰撞的粒子是气体或是水分子，则热量是速度的一种表现形式。碰撞发生后，运动速度较快的粒子速度减慢，而运动速度较慢的粒子速度加快。然而，若发生碰撞的粒子是光子，光子同电子的散射并不能改变其运动速度，因为所有光子的速度都是一定的，但是这种碰撞确实将能量传递给电子了。当光子与电子之间发生能量转移时，光子要么发生红移（失去能量），要么发生蓝移（得到能量），通过这种碰撞以及电子-电子碰撞，所有的光子和自由电子都达到同样的温度。

为了让地球上的观测者从任意方向测量宇宙微波背景都得到相同的温度，140 亿年前，宇宙中的每个地点都必须与其他地点存在长期的热接触，以保证之前的温度差异已经在粒子间碰撞的作用下抹平了。然而，我们能计算出，在宇宙年龄为 38 万年时，具有同样温度的两个区域之间的距离为 2500 万光年。任何信息的传播速度都不可能高于光速，那么这两个区域似乎是不存在任何关联的。

因此，这两个区域内的粒子和光子无法进行交流，不可能发生粒子与光子间的碰撞。两者不可能有这样的对话，“我很热，你很冷，咱们中和一下吧。”

这一悖论的答案来自狭义相对论。狭义相对论中，包括光子在内的粒子的运动速度不会高于光速，但是空间本身的膨胀速度却可以高于光速（超光速膨胀）。想象在宇宙刚刚形成之时，宇宙的体积很小，其任何位置的粒子之间都可以通过碰撞发生信息的交换，整个宇宙就可以达到热平衡。随后，宇宙在极短的时间内以超光速膨胀。在这个膨胀时期过后，宇宙的某些部分与其他部分的距离太远了，已经无法进行交流，不可能有“我很热，你很冷，我们交换一下能量吧”这样的对话了。若宇宙中某一部分的温度比其他位置低，也只能这样了。但是若在暴胀之前，宇宙上各个部分的温度是相同的，那么在暴胀结束之后，各部分的温度当然还是一致的。暴胀过后，几乎等温的宇宙会随着自身的膨胀而冷却，由于宇宙一定是均匀膨胀的，则不会违背宇宙学原理，宇宙的所有部分会同时冷却。因此，宇宙的每个部分都一定在相同的时刻以相同的特征温度释放了 CMB 光子，尽管在释放的瞬间相隔的距离远大于它们可能发生热接触的距离。这一概念被称为“暴胀”，由阿兰·古斯于 1981 年提出，描述了宇宙大爆炸中一个以超光速膨胀的时期。

暴胀理论让我们将宇宙的历史分为三个阶段，暴胀前、暴胀和暴胀后。在暴胀之前，宇宙所有区域之间都有因果关系，因此其密度和温度基本是相同的；宇宙恒定的密度保证了整个宇宙在早期都是热平衡的，并在 38 万年之后，向整个宇宙释放相同温度的光线。在暴胀时期，宇宙的直径从质子直径的十亿分之一增长至一个垒球的大小。体积的增加为十的五十次方（10^{50}），这一变化发生时宇

宙的年龄只有 10^{-35}（一百亿分之一秒的十亿分之一的十亿分之一的十亿分之一）秒，该变化结束时宇宙的年龄为 10^{-34} 秒（一千亿分之一秒的十亿分之一的十亿分之一的十亿分之一）。因为在膨胀开始时宇宙中的物质如此均匀地分布，并且由于宇宙的所有部分都在均匀膨胀，因此在暴胀之后，尽管各个部分之间已经没有因果关系了（这是因为各位置之间的距离比光速和宇宙年龄的乘积还要大），但宇宙中物质的分布依然是均匀的。

COBE 和 WMAP 所观测到的宇宙微波背景温度的小波动解决了大尺度结构的问题。暴胀理论通过允许整个宇宙在暴胀之前存在因果联系解决了视界问题；宇宙暴胀保留了暴胀前宇宙中与平均密度相比极小的密度差，而那些难以置信的小波动产生了 COBE 和 WMAP 记录的微小温度差。解决了这两个问题后，我们可以回到最初的目标：我们将使用 WMAP 团队制作的 CMB 地图来估算宇宙的年龄。

第 26 章 宇宙微波背景辐射的 WMAP 地图和宇宙的年龄

宇宙的最佳拟合年龄为 $t_0 = 137 \pm 2$ 亿年。退耦的时间为 $t_{\text{dec}} = 379^{+8}_{-7}$千年，此时的红移为 $z_{\text{dec}} = 1089 \pm 1$……。平坦的宇宙学模型是由 4.4%的重子、22%的暗物质和 73%的暗能量组成的。

——查尔斯·伯耐，（Charles L. Bennett），“威尔金森微波各向异性探测器（WMAP）第一年的观测：初步的地图和基本结论”，《天体物理学杂志增刊系列》（2003）

我们将注意力重新对准我们的目标——宇宙的年龄。事实上，有了宇宙微波背景辐射的各向异性地图在手，我们基本上具备了计算宇宙年龄的一切所需信息。但是首先，我们必须学会如何读懂这幅图。而且要谨记，基于 WMAP 地图计算出的任何年龄都是基于某个宇宙学模型的；也就是说，只有当宇宙学家对暗能量以及宇宙中物质含量的计算是正确的，所得到的宇宙年龄才是可信的。我们的目的是，比较通过 WMAP 数据计算得到的年龄和之前提到的三种测量方法得到的年龄，看结果是否一致。回忆一下，之前的三种方法分别是基于白矮星冷却时间、星团年龄以及宇宙膨胀。

在最基本的层面上，WMAP 图中的斑点是 38 万年前填充宇宙的气体中存在的温差的标志。每个斑点都代表了一个与周围温度不同的区域，这些斑点大小不一，图中的小斑点数量多于大斑点的数量。温度差异是气体压强差异导致的。而气体压强差异则是由气体中传播的声波导致。声波的形成受到几个基本因素的控制：暗物质和普通物质的相对含量，以及物理定律。

在识图时，宇宙学家对地图进行了逆向工程。也就是说，宇宙学家利用地图的特征，确定宇宙中奇特的暗物质、普通物质以及暗能量的相对和绝对含量。暗物质和普通物质都能减缓宇宙膨胀，而暗能量则是加快宇宙膨胀，因此宇宙中这三种成分的相对含量就能帮助宇宙学家计算出宇宙想要膨胀至当前的体积所需要的时间长度。

读图过程采用先进的数学技术，得到了功率谱。功率谱的轮廓揭示了该图的奥秘。尽管我们无法详细解释 WMAP 团队在分析宇宙微波背景时用到的先进的数学技术，我们仍然能够理解其中的基本概念。

色盲表和 WMAP 地图

WMAP 地图中，不同体积的圆点代表了有着细微温差的各个区域，我们所要解决的第一件事就是如何从该图中提取早期宇宙物理性质的相关信息。我们从色盲表开始入手，色盲表和 WMAP 地图具有相同的视觉效果。如果我们能够理解如何从色盲表中提取相关信息，我们就能知道宇宙学家是如何读 WMAP 地图的。这是个捷径，否则我们要花费几年的时间学习数学系研究生水平的数学知识。

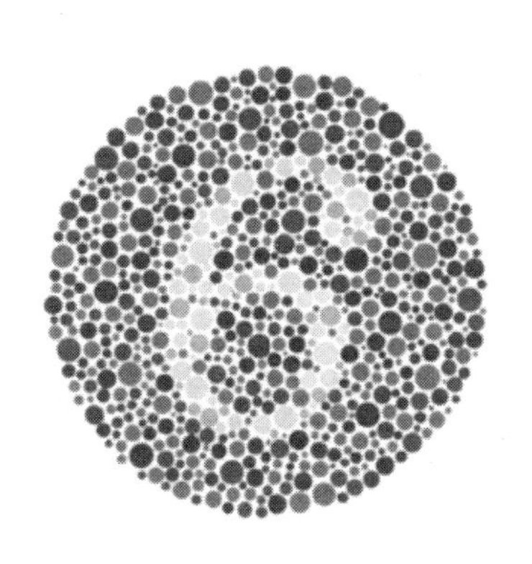

图 26.1　两张灰色版本的色盲图。左图为数字 12，右图为数字 6。
在这种图的全色版本上，读图者看到的是散乱分布的体积颜色均不同的圆点。

1918 年，日本眼科医师石原忍发明了诊断色盲症的图。每张图都是圆形，由大量的颜色不同的小圆点组成。圆点大小不一，且颜色不同。隐藏在这些散乱分布的圆点中的通常是一个数字或是某个形状。当色盲症患者（7%的男性，0.4%的女性为红绿色盲症患者）观察该图表时，看不到该数字或形状，只是一堆形状颜色不同的散乱分布的圆点；然而，色感比较强的人则可以看到圆点代表的形状。

观察形状的窍门是有正确的工具。我们利用视网膜锥形细胞的感光色素观察颜色，因此为了看到光线的颜色，我们需要有产生这些感光色素的正确编码的基因。若我们的基因产生的是错误的感光色素，那么锥形细胞就会缺乏对某些颜色的灵敏度，我们就无法看出全部的颜色，不能看到色盲图的某些或全部信息。

就好比一个圆形的色盲图，COBE 卫星得到的宇宙微波背景辐射图表示的是不同大小的圆点分布，圆点的颜色取决于其温度与平均温度 2.725K 的差异，然而宇宙学家是根据圆点的形状，而非颜色进行信息提取的。

物理学基本定律帮助宇宙学家预测所有宇宙微波背景图可能包含的图案模式——但并非所有图案都是可能的。为了更好地理解这一局限性，想象自己被要求绘制一幅地球表面的地图。地图的要求有：表面包含大陆和海洋。在这种情况下，大陆与海洋的比例以及二者的形状都有很多种情况。而有两种地图违背了这一法则，因此可以不做考虑：第一种是只有海洋、没有大陆的地图，第二种是只有大陆、没有海洋的地图。随后会发现对地图设计起限制作用的第二条法则：海洋与大陆的面积比例为 3∶1，且最小的大陆面积为 900 平方公里。尽管仍然存在很多可能性，但这第二条法则确实排除了一部分地图：任何大陆面积过大或者过小的地图都被排除了。

宇宙学家利用数学工具寻找 WMAP 地图中空间和体积的分布图案模式。随后，宇宙学家将观测到的图案与通过物理法则推测或是其他途径获得的已知模型（质量，暗物质数量，暗能量数量，氢与氦的相对数量）进行比较。经过比较，宇宙学家发现了产生宇宙微波背景辐射的物理过程。最终通过该模型，推断出了宇宙的年龄。

图案模式识别

现在，我们了解了宇宙学家如何在 CMB 地图中寻找图案模式。同时我们也了解到，正如石原博士利用颜色和数字建构色盲图一样，早期宇宙的物理学也同样以粒子和光子密度的形式（相当于圆点的图案和分布）进行宇宙结构的建构。在宇宙微波背景形成的时候，这些密度变化就是存在的，因此密度变化反过来影响温度变化。在制作宇宙微波背景温度图的时候，可以通过圆点的图案看出温度的差异。

现在，我们顺着这个逻辑反过来想。我们通过不同大小圆点的形式进行温度的测量（每个圆点代表了一个特定的温度，与四周的温度都不同）。宇宙微波背景的温度差异是由于光子释放之时物质密度分布不均。由于宇宙微波背景的光子形成于宇宙诞生之后的 38 万年，因此密度差异自从自由电子与自由质子结合之时就存在了。密度差异之所以形成得这么及时，是因为该时期的粒子和光子的行为先于宇宙微波光子的释放。早期宇宙的粒子行为都受到带电粒子和光子的物理法则的控制。因此，宇宙早期的某些进程迫使粒子和光子以一种特定的方式运动，且该进程以密度差异的形式对宇宙进行建构。

厨房瓷砖图案的功率谱

CMB 所显示的结构表明，宇宙在其最初的时间里，CMB 阴影所示的宇宙结构已经被强加到宇宙中了。当宇宙学家使用他们的变换工具“读取”和解码 CMB 地图中编码的图案时，他们首选的表示结果的方法是通过称为“CMB 功率谱”的图。但是为了达到该目标，我们首先必须了解功率谱是什么。

最基本的图案识别方式是寻找一定距离或是空间内不断重复的现象。这有两个例子：

- 铁道枕木之间的距离为 21 英寸。这个距离可以被理解为空间频率，描述了某个现象重复出现的周期。在这个例子中，铁道枕木的空间频率为每英里 3000 个铁道枕木。
- 建造房屋或墙的砖的标准高度为 65 毫米，砖与砖之间夹层大概为 10 毫米。两块砖中心的距离为 75 毫米，其空间频率为每米 13.33 个砖。

现在我们看一个更为复杂的例子：我的新厨房的设计。在我的厨房里，地板想用 1 英尺（12 英寸）的瓷砖，柜台用 4 英寸的瓷砖，柜台上方的墙用 1 英寸的瓷砖。这三种瓷砖对应房间中三种不同的空间频率：地板的空间频率为每平方英尺 1 块瓷砖，柜台频率为每平方英尺 9 块瓷砖，后挡板为每平方英尺 144 块瓷砖。若地板面积为 300 平方英尺，柜台面积为 50 平方英尺，后挡板为 20 平方英尺，那么我总共需要 300 块 12 英寸的瓷砖，450 块 4 英寸的瓷砖以及 2880 块 1 英寸的瓷砖。如图 26.2 所示。

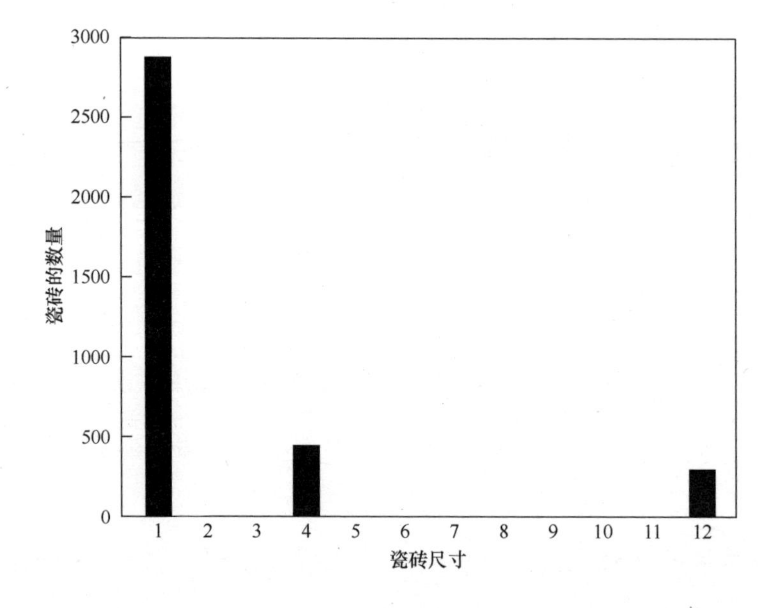

图 26.2　图为装修厨房所需的不同规格瓷砖的数量：2880 块 1 英寸瓷砖、450 块 4 英寸瓷砖和 300 块 12 英寸瓷砖。

由于 12 英寸的瓷砖面积为 300 平方英尺，4 英寸的瓷砖面积为 50 平方英尺，而 1 英寸的瓷砖面积仅为 20 平方英尺，因此不同规格瓷砖的数量与其视觉效果是不成比例的。厨房中每种规格瓷砖的平方数可以更好地体现出瓷砖的视觉效果。我们将平方数称为功率，若我们绘制一幅不同空间频率的功率图，我们就能得到功率谱。在这个厨房里，功率谱表示，最多的功率分布在最小的空间频率（每平方英尺 1 块瓷砖，12 英寸的瓷砖有 300 单位的功率），居中数量的功率分布在居中的空间频率（每平方英尺 9 块瓷砖，4 英寸的瓷砖有 50 单位的功率），而最高的空间频率代表了最少的功率（每平方英尺 144 块瓷砖，1 英寸的瓷砖有 20 单位的功率）。如图 26.3所示。

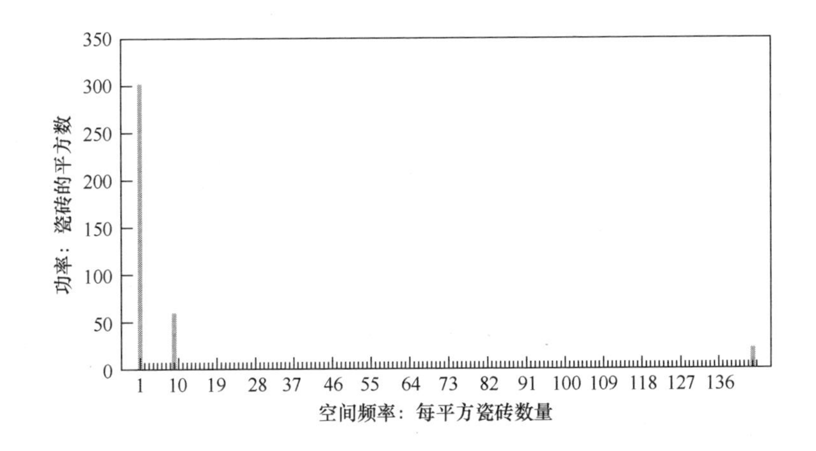

图 26.3　厨房瓷砖的功率谱，其中更高的功率分布在更小的空间频率中：300 单位个频率为 1/平方英尺的瓷砖，50 单位个频率为 9/平方英尺的瓷砖，20 单位个频率为 144/平方英尺的瓷砖。

不同的厨房设计，不同面积的地板、柜台和后挡板，不同的瓷砖规格选择，这些都能形成独特的空间频率（功率）图案。我们也会想象整个房间、中世纪教堂甚至是一个现代化城市中瓷砖的功率谱是什么样的。不同的地点会根据需求选择不同的瓷砖规格，比如人行道（瓷砖空间频率比较低，每平方英尺为 1/24 块瓷砖）和马赛克喷泉（空间频率很大，每平方英尺数千块小瓷砖）。反过来，空间频率的功率取决于城市中人行道的覆盖面积以及公园中喷泉的面积。

现在，我们把已知空间功率的和空间频率厨房的设计放在一边，想象我们正在参观一座已经装修完成的新房。我们爱上了这个屋子的设计，决定要将厨房设计为同样的款式。我们的工作是制作一幅厨房的图，确定厨房内不同瓷砖的空间频率以及功率图案。

当我们完成了这项工作，我们就能发现整个房子的基本建筑规律，如果我们想，我们就能据此购买所需物品，建造一个梦寐以求的厨房。如果我们测量并计算了功率谱，并在空间频率为每平方英尺 144 块、36 块、16 块、5.76 块、2.94 块和 1.19 块瓷砖下发现了大量功率，而其他空间频率没有功率呢？如图 26.4 所示，我们就能依此推断，建筑师设计房间内的所有瓷砖的长度都要小于 12 英寸。正如厨房功率谱能够揭示建造时的建筑规律，我们有关宇宙微波背景辐射功率谱的分析也能够揭示宇宙演化中的物理法则（如暗物质的数量，暗能量的重要性）。

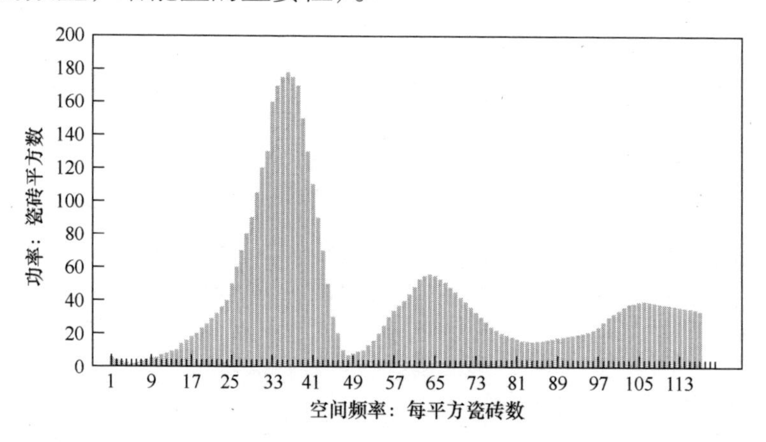

图 26.4　整间房子的功率谱。这个房子用到了多种规格的瓷砖（上至一平方英尺一块的瓷砖，下至一平方英尺 100 块的瓷砖），但是较大的区域内用的瓷砖规格是相对固定的。例如，最大的瓷砖（一平方英尺一块）的功率比较小，中等尺寸的瓷砖的功率有所上升，最大功率的瓷砖的尺寸为 2 英寸×2 英寸，还有大量 1.5 英寸×1.5 英寸瓷砖。

为了得到这个新家的功率谱，一个比较费时费力的方法就是一个个地计算房内的瓷砖数量。物理学家可能会选择一种更为有效并且高度近似的方式：对厨房拍照，利用图像识别寻找瓷砖规格并确定功率是如何分布的。这正是宇宙学家研究宇宙微波背景图时所用的方法。宇宙学家寻找对我们肉眼来说不太明显的图像，这并不是因为我们色盲（宇宙学家寻找的图像与体积分布有关，与颜色分布无关），而是因为很多图像变化非常微小，肉眼难以观察。

宇宙微波背景辐射的功率谱

宇宙学家已经通过 WMAP 得到了宇宙微波背景辐射的功率谱。该功率谱的功率形式为多级矩。多级矩类似于之前提到的瓷砖规格参数，但也有些不同，这是因为多级矩不仅代表了温度点的体积，也代表了这些斑点出现的频率。想象一下，假如餐厅中只有圆桌。若每桌坐四个人，则空间会很宽敞，可以用较宽的椅子；但如果要坐 20 个人的话，就要用非常窄的椅子。最终，为了解决如何根据已知人数布置餐厅这一问题，你想出了一个叫作“餐厅桌子-椅子矩”（d）的参数，该参数包含椅子的尺寸以及每个餐桌的椅子数量这些信息。某天晚上可能会有十个聚会，每个聚会六个人（大功率）（$d=6$）以及一个二十人（小功率）的聚会（$d=20$）。根据所有的预约，就能得到餐厅的功率谱。有了多级矩参数，我们开始考虑如何将一定数量的斑点置于赤道周围。若我们将少量的斑点置于赤道上，这些圆点的体积可以比较大；若想拟合更多的斑点，每个斑点的大小就应减小；因此多级矩与斑点大小和出现频率相关（若 $l=2$，则斑点每 90°出现一次，若 $l=3$，则斑点周期为 60°，若 $l=4$，则斑点周期仅为45°)。宇宙微波背景辐射功率谱看起来很像整个房间的功率谱。最大的圆点（最小多级矩值）中只有很少的功率，大部分功率都存在于2°（$l=60$）和0.5°（$l=400$）之间，其空间频率相当于0.6°（$l=220$）。宇宙微波背景辐射功率谱有两个功率峰值，对应的多级矩值分别为540（1/3°）和800（1/5°）。

正如房间的功率谱包含很多房间结构的相关信息一样，宇宙微波背景辐射的功率谱中也包含了很多宇宙物理的相关信息。我们需要做的就是将这些信息解码。

声波创造了宇宙微波背景图

总结一下现有的知识。我们知道，宇宙微波背景辐射图中存在某个图案模式，我们有了该图案模式的功率谱。而且，图中的图案模式代表的是CMB形成之时，宇宙不同区域之间温度的差异。温度差异形成的原因是宇宙早期的密度不均。宇宙密度不均并不是个意外，因为有了密度的涨落，引力作用才能触发现在宇宙中大尺度结构（星系和星系团）的形成。现在为了根据功率谱计算宇宙的年龄，我们需要深入研究形成密度涨落的物理学原理。

早期宇宙的物理行为是几个因素共同影响的产物：普通物质和暗物质的总质量，暗能量的比例，以及光子和中微子的总数量。所有的这些因素共同形成了如今的宇宙微波背景辐射功率谱。因此，我们下一步就是理解能够产生这种功率谱的可能情况。

在CMB光子释放之前，早期宇宙充满了普通物质（几乎都是氢核、氦核以及电子）的电离粒子、光子、中微子和暗物质粒子。

大多数的粒子都是光子。尽管弱相互作用中微子和暗物质粒子几乎不会与其他粒子碰撞，光子和普通物质粒子在与其他粒子碰撞之前也只能移动很短的距离。当粒子碰撞并发生反弹，粒子就会如同气体一般产生压力。若粒子碰撞的次数较多，则气压较高。人们对气体运动以及电离离子和光子间相互作用的物理定律都比较熟悉，因此宇宙学家对 CMB 光子释放之前气体的性质都有很好的认识。

气体的特性之一是：不管是何种原因导致的某区域内的扰动，都会使得该区域的压强高于周围的压强。由低压区域包围的高压区域是不稳定的：高压区域会膨胀。随着高压区域的膨胀，压强减小；它同样也会作用于周围的低压区域，使周围区域压缩，压强升高。当膨胀空间的区域的压强与四周达到一致，该区域将会停止膨胀；然而，尽管压强平衡了，气体粒子仍在运动之中。因此，当压强达到平衡的时候，该区域的气体仍在膨胀，导致压强低于四周压强。此时周围的区域成了高压区。现在情况反过来了，但是此时仍然存在被低压区域包围的高压区域。高压区域会再次压缩周围的低压区，导致自身压强减小。因此，任何小扰动都会形成沿着气体传播的压强波——高压低压接替出现的无限循环。由于高压区域的气体温度升高而低压区域的气体温度降低，因此压强波也会产生区域之间的温度差异。如图 26. 5 所示。

在能够压缩和膨胀的物质内传播的压强波被称为声波，因此我们可以通过听觉判断压强波的存在。当然，也有的声波是无法被耳朵听到的。

早期宇宙的声波传播中，引力也起到了很重要的作用。高压区域的密度更高，因此比同等体积的低压区域的质量更大。引力是由普通物质和暗物质产生的，因此高压区域的引力作用比低压区域的

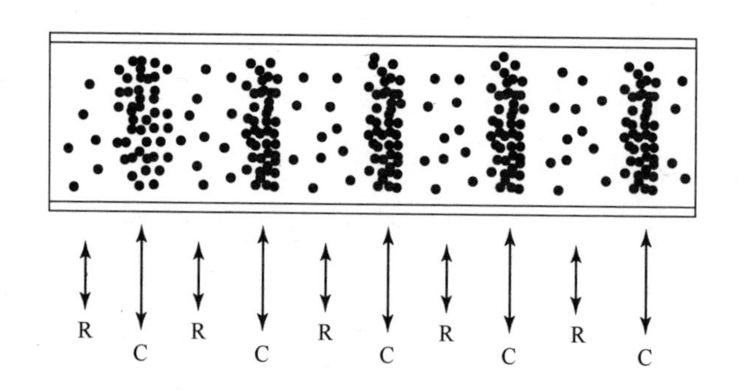

图 26.5 管内的压强波。高压区域（*C*-高压区域）和低压区域（*R*-稀薄区域）交替出现。当高压区膨胀，会压缩低压区。管的一端的初始扰动将压缩该端的气体。这种干扰将随着压力（声波）的作用沿管子向下传播。

引力作用要强。引力作用越大，压缩程度越大，又进一步提高了高压区的压力。因此，压缩程度能够反映宇宙中的物质（普通物质和暗物质）的数量。

密度越高，辐射压强（由光子和其他粒子的碰撞形成）越大；然而，辐射压强的作用力与质量恰好相反：辐射压强减缓压缩过程，甚至会导致膨胀。高质量意味着高密度，就能够产生更大的压强和压缩力，因此若早期宇宙存在更多的质量，辐射压强的作用力就更加重要了。当压力最终终止了收缩并迫使空间开始向外膨胀时，相比较于小质量宇宙空间，质量更大的宇宙空间的向外膨胀速度更大，因此这种膨胀的现象也就更明显。然而，暗物质的引力能提高收缩强度，却不能产生向外膨胀的压强，因为暗物质几乎不与其他物质发生相互作用（即碰撞），而压强本身就来源于碰撞。因此，暗物质加速收缩期，但减缓膨胀进程。

上述压强或是声波的理论（声学振荡理论）帮助宇宙学家解释了宇宙微波背景辐射的测量。为了理解宇宙中的声学振荡理论，我们将整个宇宙想象为一把长笛。长笛是一个充满气体的容器。任何原初的扰动，比如演奏者在吹笛时的送气，都会在长笛腔内产生声波振荡。同样的，早期宇宙的任何扰动都会在扰动的地点形成向外的声波。乐器的体积很大程度上决定了声音范围；比如相比较于小号，因为大号用比小号更长的管子制成，所以大号可以比小号支持更长的波长（更低的声音），因此男中音萨克斯管发出的声音比普通中音萨克斯管要低。

和其他乐器一样，长笛能产生一定范围的声音，但是每个音符并非是一个单独的声波，而是由许多振动组成的，也就是基音和泛音。基音和泛音源于不同波长的声波，泛音的波长为基音波长的1/2、1/3、1/4、1/5……这些波长取决于乐器的大小和品质。廉价乐器同名贵乐器之间的区别就在于名贵乐器能够产生更丰富更持久的泛音。

波长可以理解为声波的频率，因此我们可以认为长笛产生了一定频率范围的声音。技艺高超的声音技师能够听出声音的频率。这就相当于，一位室内设计师能够测量出瓷砖的空间频率以及厨房内的功率谱。

早期宇宙的声波

宇宙微波背景辐射图表示了不同体积的斑点和不同长度尺度的图案。这些斑点和图案起源于早期宇宙中传播的声波；这些声波是早期宇宙的扰动形成的；这些声波的基音和泛音取决于新生宇宙的物理性质。分析宇宙微波背景辐射图得出的功率谱表明，整个宇宙充满了不同波长（基音和泛音）的压强波。斑点的尺度就是声波的尺度。不同尺度斑点的功率数能告诉我们何种尺度的斑点（也就是何种压强波）起到主导作用。在宇宙微波背景辐射图的分析中，宇宙学家发现了一个波长范围很广的图案，但是却没有发现主导的波长。不同的波长和斑点尺度并非是均匀的。如图 26. 6 所示。

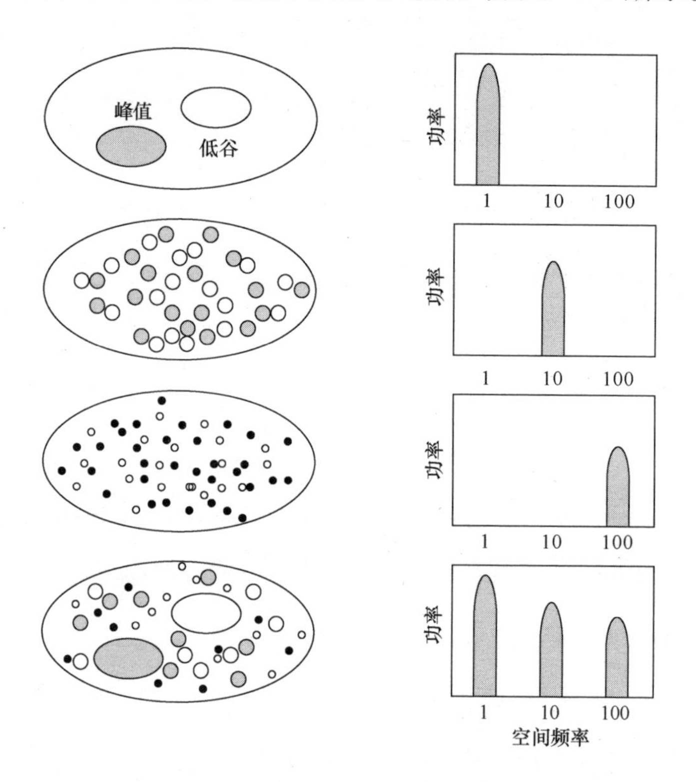

图 26. 6　宇宙微波背景辐射图中不同尺度的功率。CMB 图显示大声波（第一列最上）在图上显示为峰值（高温区域）和低谷（低温区域），并以较低的空间频率（顶部，右侧）产生功率。CMB 图还显示了中型（第一列前两个）和中小型（第一列后两个）的声波，每个声波都以独特的空间频率产生功率。CMB 的实际图是许多不同大小的波的组合（第一列最下），在几个空间频率上具有不同的功率，如功率谱所示。

宇宙微波背景辐射功率谱的第一个峰值（$l=220$）对应了一个声波，该声波在宇宙最初的 38 万年内压缩了一次，还没有足够的时间开始膨胀。这是基波。第二个峰值（$l=540$），也是第一个泛音，对应的声波在 38 万年内压缩了一次，膨胀了一次。

早期宇宙的声波振荡始于暴胀期间的扰动。就好比所有的物理进程都有细微的差异，由于量子涨落，在宇宙年龄为 10^{-35} 秒的时候，宇宙能量释放导致的宇宙暴胀并非是完全均匀的。这些量子涨落被暴胀放大，直到它们变为宇宙暴胀后期的声波，其振幅不能被理论预测。

声波消失

只要光子和电离的粒子继续像气体一样在压力下共同作用，暴胀产生的波就能够继续在宇宙中传播。然而，当宇宙年龄达到 38 万年时，这些条件突然中止了。那时，光子被膨胀的空间结构的扩展拉伸为波长和能量，导致宇宙中物质的温度过低，无法再电离。此时，当电子和原子核形成中性原子时，自由电子消失了。没有了自由电子，光子为主要成分的气体无法再产生声波，这是因为没有了可以与其发生碰撞的粒子。瞬间，声波从宇宙消失，声波振荡的时代结束了。因此，一旦宇宙充满中性氢原子，光子就可以在宇宙内自由驰骋：这些光子成为宇宙微波背景辐射。

然而，因为当宇宙不再能够产生压强波时，宇宙不再具有热（高压高密度）点和冷（低压低密度）点，所以声波留下了自己存在的证据。因此，尽管随着电子与质子的结合并释放了宇宙微波背景辐射，声学振荡本身从宇宙中消失，但是声波留下了自己的记号，也就是永远留在宇宙微波背景辐射中的热点和冷点，就好比一张字条写着“乔治・华盛顿到此一游”一样。

宇宙的区域对应于大于 1 度的尺度（在 CMB 的功率谱图中，$l<100$ 的值）太大，无法进行声波振荡，因为宇宙年龄还不足以使得声波在声学振荡时期结束之前传播出一度以上的距离。CMB 图

中的大尺度结构（在 CMB 的 COBE 图中可见）在功率谱图中以 l 的较小值显示，这是由于暴胀之前宇宙中初始条件的微小变化而引起的。

声波的大小

CMB 图显示了 CMB 本身最强烈的温度波动的最大角直径，这反过来又为我们提供了对早期宇宙中气体振动基本频率的直接测量。然而，角直径和实际物理大小是不同的，二者通过物体的实际距离相关联。若我们测量出某个大楼的高度仰角为一度，如果我们能知道建筑物的距离，就可以利用基本的几何知识计算出大楼的实际高度。同样的，如果我们知道建筑物的实际高度——可能是通过建筑蓝图得知——和仰角，我们就能计算出该建筑物的距离。

从概念上说，这种方法类似于我们利用视差角计算恒星绝对距离的测量方法：我们测量出恒星的视差角度（等同于建筑物的仰角）。再测量出三角形的短边长度（天文单位，等同于建筑物高度）。利用基本的三角形知识，我们可以通过这两个条件计算出三角形的长边长度（恒星距离或是建筑物距离）。

宇宙学家知道声学振荡存在时的宇宙成分。根据宇宙学家对等离子（带电粒子）和光子的认识，计算出宇宙波长最长的声波为 143±4 百万秒差距。这个波长就是从宇宙大爆炸至宇宙微波背景形成的这段时间内，声波所运动的距离；也就是说，这个波长就是宇宙当时的线尺度，相当于视差法测距离中的 1AU。因此，就好比通过建筑蓝图了解大楼的信息一样，我们提前就了解了声波的尺寸。从宇宙微波背景辐射图中，宇宙学家测量出了早期宇宙基本振动模式的角直径为 0.601°±0.005°（0.0105±0.0001 弧度），相当于视差角。有了声学振荡的实际大小和角直径，宇宙学家能够计算出 CMB 形成至今穿越时空距离：440 亿光年。从 WMAP 的信息中提取出的这个数字，向我们传达了宇宙的某些基本信息。

从距离到时间

这个 440 亿光年的距离是什么意思呢？

我们知道，随着光子运动，空间在不断膨胀。因此，实际上光子运动的距离不到 440 亿光年；这个距离由于宇宙的膨胀拉伸为 440 亿光年。因此我们可以推断，宇宙的年龄一定小于 440 亿年。但是在光子从被释放的地点运动到望远镜的这段时间内，宇宙在不断膨胀拉伸。如果我们能知道宇宙拉伸了多少，我们就能知道宇宙的年龄。所以宇宙多大了？

从数学角度来说，膨胀的时空到宇宙微波背景表面形成的距离与宇宙年龄紧密相关。反过来，年龄取决于空间膨胀的速度。因此两者间的关系一定取决于哈勃常数的数值（与暴胀后宇宙膨胀速度相关），取决于宇宙中物质的总密度（减缓了膨胀速度），以及暗能量的数量（加速膨胀速度）。以上三个参量决定了宇宙膨胀的总体速度以及宇宙的形状。比如，若宇宙十分稳定（既不膨胀也不收缩）且体积从未发生变化——也就是说哈勃常数一直为零——那么光子在时空中运动的距离就可以告诉我们，宇宙的年龄为 440 亿年。另一方面，若宇宙的膨胀速度很大，那么宇宙有可能是一夜之间膨胀至如今的体积，而光子是在几秒或是几年的时间内运动了 440 亿光年，这种情况下宇宙还处于婴儿期。因此哈勃常数、物质以及暗能量的数量决定了时空距离与宇宙年龄两者之间的关系。我们已经测量了现代宇宙的哈勃常数，也根据观测确定了暗物质和普通物质的相对数量。如果我们能够确定暗能量的相对数量，我们就具备了通过 WMAP 数据计算宇宙年龄的所有条件。

空间是平坦的还是弯曲的？

宇宙学家在讨论宇宙中的能量（所有形式的能量，包括所有的物质和暗能量）数量时，是以空间的曲率这种形式进行的。只要知道了宇宙的曲率是正是负，就相当于知道了宇宙中所有物质和能量的总数量。我们如何知道宇宙是否是宇宙学意义上的平坦呢？

我们可以通过地球来考虑这个问题。地球表面是平坦的还是弯曲的？同样的我们可以这样问，地球上所有的经线是否汇聚于极点？有个很简单的验证试验。想象一个场景，你和你的朋友站在赤道上相距 100 米的位置。你们通过太阳的升落判断方向，并将一根有弹性的绳子两端分别系在两人的皮带搭扣上。忽略河流、山脉、海洋等所有的障碍，你们二人从起点开始，径直向北走。若地球是平的，则这个绳子的长度一直为 100 米，你们永远无法到达北极点，因为根本不存在北极点。然而，如果地球表面是正弯曲的，你们分别会沿着不同的经线运动，距离越来越近，绳子的长度越来越短。当到达北极点，绳子长度变为零，你和朋友会相聚。另一方面，若空间是负曲线（想象两人都从中心线走向马鞍的尽头），当你和朋友分别向北走，绳子会拉伸得越来越长，两者的距离越来越大。宇宙学家韦恩・胡这样解释，如果你和朋友对空间一无所知，你可能会认为有某种作用（绳子的拉力或是引力）迫使你们彼此靠近；然而，你是在弯曲表面上沿着一条直线行走的。绳子的拉力并没有对你产生作用力。引力不过是空间的正曲率，表示了宇宙中物质的数量。

空间曲率像一面聚焦光线的透镜，就好比宇宙的表面曲率使得两个步行者聚焦至北极点。宇宙微波背景光子在空间内沿着直线运动。若空间为正曲率，好比地球表面，这些直线将汇聚在一起，斑点的角直径看起来会比实际大一些。质量越大，曲率越大，斑点体积越大。若宇宙中物质和能量很大，功率谱上的所有峰值的位置都会向左移动（对应更大的斑点），l 值变小；然而如果质量和能量很小，峰值位置会向右移动（对应更小的斑点），l 值变大。

斑点的大小呢？宇宙微波背景辐射功率谱上第一个峰值的位置在哪儿？第一个峰值 $l=220$，相当于最大的斑点为 0. 6°，与宇宙学家预言的平坦宇宙模型相符。为了计算宇宙年龄，我们还剩最后一步。我们只需要将所有信息整合起来。

非常黑暗的宇宙

所有证据都表明，我们很可能生活在一个平坦的宇宙，那么我们就知道了宇宙中能量的总数量。为了更简单地表达，宇宙学家讨论宇宙的平坦性问题时定义了一个宇宙学参量，叫作 Ω。Ω 是宇宙实际能量密度与平坦宇宙所要求的密度（宇宙学家称之为临界密度）之间的比例。若宇宙的能量足以保证宇宙是平坦的，则 Ω 的值为 1。因为我们发现宇宙微波背景辐射中第一个峰值的 l 为 220。因此我们就可以判断 $\Omega=1$ 就是正确答案。

宇宙包含各种形式的能量，将所有已知可测量的能量都加在一起，就能了解宇宙的很多信息。能量的存在形式之一就是辐射——光子——几乎所有的光子都存在于宇宙微波背景辐射之中。100 多亿年之后，宇宙微波背景光子的宇宙学红移使得光子所占的能量比例从 15%减少到今天的微不足道的数量。

第二种已知可测量的能量形式是普通物质，由质子、中子、电子组成的一切物质，包括恒星、星系、星系团以及星系之间的热气体。将所有光子（几乎为零）和普通物质（4.6%）的能量密度加起来还不能满足平坦宇宙总能量的 5%。由于 Ω 的值为 1，那么剩余的 95%的能量一定是以其他的形式存在。

暗物质是第三种形式的能量，也是第二种物质。天文学家有大量的证据证明暗物质的存在，却对其性质一无所知。暗物质并不会产生、释放或者散射光子。由于早期宇宙的压力几乎都是由光子产生，暗物质产生不了压力，因此暗物质不与普通物质参与声学振荡。然而，暗物质通过引力作用与普通物质反应。由于早期宇宙的声波是受到压力（暗物质不起作用）和引力（暗物质起很大作用）的共同影响，因此不同声波在年轻宇宙中传播时的相对强度受到暗物质存在和数量的影响。

在宇宙微波背景辐射功率谱中，奇数峰值表示的是声学振荡收缩时期气体所受压力的最大值，它源于普通物质和暗物质在其运动方向上的共同作用。相比较而言，偶数峰值对应着最大的气体膨胀的相位，在膨胀过程中，气压与引力作用相反，因此膨胀声波（偶数峰值）比收缩声波（奇数峰值）包含的功率较少一些。因此，功率谱中峰值之间的相对高度取决于宇宙中普通物质加上暗物质的数量。我们也应当想到，引力会减缓声学振荡，因此宇宙中暗物质的增多会减小声波的频率。

假设可以测量出辐射和普通物质的能量密度为总能量的 4.6%，那么宇宙学家就可以利用功率谱的形状确定暗物质的能量密度。答案是：现在普通物质和暗物质的能量密度总和为 27.9%。根据这两个数据，我们可以计算出暗物质的能量密度为 23.3%。也就是说，宇宙中暗物质的数量为普通物质的五倍。这一结果与子弹星系团的观测是一致的。

此外，若暗物质、普通物质和辐射加起来的总能量密度仅为宇宙能量密度的 28%，Ω 为 1，那么剩下的 72.1%的能量密度也就是第四种能量形式，则必定是暗能量，它可以加速宇宙的膨胀（见第 21 章）。

从 WMAP 得到的宇宙年龄

现在所有的疑团都解开了。$\Omega = 1$，暗能量所占的比例为 72.1%，弱相互作用的暗物质的含量为 23.3%，普通物质的含量为 4.6%。根据 WMAP 望远镜中得到的前五年的数据，宇宙微波背景光子释放之后在膨胀的时空中穿行的距离为 440 亿光年，$H = 71.9\text{km/s} \cdot \text{mpc}$。有了这些数据，宇宙学家就能够计算出宇宙在释放光子之后膨胀的速度，以及膨胀速度的变化情况。之后就可以得出宇宙的年龄：单单根据 WMAP 得到的年龄为 136.9 亿年。WMAP 团队在很多次错误估计之后，对哈勃常数的限制进行了改进，并由此计算出宇宙的年龄为 137.2 亿年。

我们应该知道，其他团队最近利用超新星的测量数据得出了一个稍微大一点的哈勃常数。这个哈勃常数得出的宇宙的年龄略小于 137 亿年。同时，NASA 计划之中的任务能够帮助我们精确暗能量在宇宙中的含量，而且 WMAP 后续的测量数据能够继续对结果进行修正。根据 WMAP 的结论，尽管我们无法肯定地说宇宙的年龄就是 136.9 亿年或 137.2 亿年，但我们可以肯定宇宙的年龄一定是在 135 亿~140 亿年。令我们欣慰的是这一数字与其他方式计算出的宇宙年龄是高度一致的。

第27章
一致的答案

宇宙多大了？几个世纪以来，天文学家一直在观测夜空，我们逐渐可以揭开太空的谜团。通过将观测结果与物理学定律相结合，我们从望远镜收集到的光线中获得了大量的信息。经过十几代科学家的不懈努力，我们对宇宙的年龄有什么认识呢？

逻辑上说，我们知道宇宙的年龄一定大于地球、月亮以及太阳系的年龄。地球上最古老的岩石的年龄在36亿~40亿年，而最古老的矿物颗粒的年龄在43亿~44亿年。显然，地球的年龄最小为这个数字。阿波罗15号、16号、17号带回地球来的月球岩石的放射性年龄为44亿~45亿年。太阳系中最古老的流星很可能是太阳系最早形成的天体，其年龄为45.67亿年。根据我们有关恒星、行星以及流星形成的知识，我们可以确定，太阳、月亮、地球以及其他行星的年龄都大概是这个范围。因此，地球和太阳的年龄大概为45亿年。太阳的这一年龄与我们的观测相一致，也与决定太阳和其他恒星体积、温度和亮度的相关物理定律以及恒星随时间演化的情况相一致。宇宙的年龄一定大于其组成部分的年龄，因此我们可以认为宇宙年龄最小为46亿年。但是我们可以把年龄限制得更好。

在普通恒星走到生命尽头之时，恒星变为黑洞、中子星或是白矮星。位于双星或多星系统之外的孤立白矮星，没有能量来源，质量也无法改变。由于孤立白矮星温度较高，它们向太空中释放热量。然而，其体积完全由内部简并电子压决定，也就是说，不论孤立白矮星的温度多低，其体积都不会变小。因此，白矮星向大气释放热量并冷却，但体积不会减小。根据白矮星的基本物理学性质，我们可以计算出白矮星冷却的速度；我们也能计算白矮星昨天、一年前、100 万年前甚至是 100 亿年前的温度。银河系中现存的温度最低年龄最大的白矮星，根据计算，其冷却时间至少为 110 亿年，甚至达到 130 亿年。对比之下，地球和太阳系太年轻了。必须先形成星系，随后恒星才能形成、生存、死亡，再开始冷却为白矮星，因此宇宙的年龄一定高于 110 亿~130 亿年的范围。根据这一结论，我们并不能得出宇宙的年龄，但我们可以肯定地说，若宇宙年龄比 130 亿大得多，我们一定能够发现温度比已知温度最低的白矮星还要低的白矮星。若没有这样的白矮星存在——似乎这样的白矮星并不存在——宇宙的年龄很有可能略高于 130 亿年。我们还知道些什么呢?

根据我们对恒星的研究，质量最大的恒星，其亮度也是最高的。质量与亮度的这种关系是引力作用的结果：同样的空间内，质量越大，其产生的压力越大。质量较大的恒星更能挤压本身。为了不让重力把恒星挤压到无限小的体积，恒星一定会有机制对抗引力向外推，这个机制就是通过核聚变反应产生热量。相比于质量较小的恒星，质量较大的恒星产生更大的向内的引力，因此为了对抗引力作用，它们必须产生更高的热压力。更高的热压力要求恒星核内的聚变反应速度加快，就能更快地释放能量，以保证足以抵消引力的内部高温，同时也得了到较高的表面亮度。因此，相比于质量小的恒星，大质量恒星用尽核燃料的速度更快。换句话说，小质量恒星的燃料用的时间更持久，因此其寿命更长。恒星质量、亮度与寿命之间的关系直接引出另一个确定宇宙年龄的方法，这个方法涉及球状星团赫罗图的拐点。银河系中最古老的球状星团的年龄为 130 亿年。根据球状星团所包含的铍元素含量测得的年龄，银河系和宇宙的年龄至少比最古老的球状星团大几亿年。该年龄与通过白矮星冷却时间计算出的宇宙年龄是一致的。我们还知道什么？

我们知道，宇宙正在膨胀，利用宇宙膨胀的速度可以用另一种方法计算宇宙的年龄。我们周围的星系似乎都在离我们远去。我们通过星系内恒星谱线的红移现象观测到这种运动，这是宇宙膨胀的结果。天文学家在距离为 30 百万秒差距（1 亿光年）的星系内发现了造父变星。造父变星的亮度能够帮助我们直接计算出其宿主星系的距离。距离，再加上宿主星系的红移速度，可以计算出哈勃常数。假设宇宙的空间膨胀速度一直保持不变（有证据表明，这个假设基本正确），则根据最精确的哈勃常数数值推算出的宇宙年龄为 135 亿年，误差不超过 20 亿年。我们将有关暗物质和暗能量的信息全部整合在一起，会发现在过去的 130 亿年内，宇宙的膨胀速度并不是不变的，我们估算出的宇宙年龄在 130 亿年左右，误差为 20 亿年。我们可以推断，根据哈勃常数推算出的宇宙年龄在 110 亿~155 亿年，这一数值与通过白矮星冷却和球状星团恒星拐点计算出的宇宙年龄一致。至今，我们通过三种不同的方法将宇宙年龄锁定在 130 亿年左右，极有可能在 135 亿~140 亿年。

表 27.1 宇宙年龄的科学测量

方法	年龄
银河系中白矮星冷却时间	>110 亿~130 亿年
缺少温度极低、亮度极暗的白矮星	<150 亿年
球状星团的拐点	130 亿~140 亿年
宇宙的膨胀速度	135 亿~140 亿年
宇宙微波背景辐射功率谱分析	135 亿~140 亿年

最终，宇宙学家根据最精确的宇宙微波背景辐射图（宇宙大爆炸遗迹）推算出了一个宇宙年龄。为此，宇宙学家必须了解宇宙总的能量含量，现在以及过去宇宙的膨胀速度，暗能量、暗物质以及普通物质的总量。根据所有的数据，宇宙学家推测宇宙的年龄在 137 亿年左右。基于这些结果，我们可以肯定宇宙的年龄极有可能在 135 亿~140 亿年。

现在，我们有四种独立的方法可以推论出宇宙的年龄，所有这四种方法都得出了一致的答案。若四个结论中任意某个答案是单独存在的，我们有理由怀疑它的正确性。然而，这四种结论放在一起，我们有足够的理由相信宇宙的年龄就在 135 亿~140 亿年。大爆炸就发生在 135 亿年前不久。寻求这个答案的过程中的试验和错误，艰苦的观察和精辟的见解，所有的一切构成了全人类最令人印象深刻的智慧成就之一。